中国气象学会　编

气象科普解说词
（2015-2016 年）

Qixiang Kepu Jieshuoci

(2015-2016 Nian)

图书在版编目(CIP)数据

气象科普解说词. 2015—2016 年 / 中国气象学会编
. -- 北京 : 气象出版社, 2017. 4
ISBN 978-7-5029-6328-6

Ⅰ. ①气…　Ⅱ. ①中…　Ⅲ. ①气象学-普及读物
Ⅳ. ①P4-49

中国版本图书馆 CIP 数据核字(2016)第 000788 号

Qixiang Kepu Jieshuoci(2015－2016 Nian)

气象科普解说词(2015—2016 年)

中国气象学会　编

出版发行: 气象出版社
地　　址: 北京市海淀区中关村南大街 46 号　**邮政编码:** 100081
电　　话: 010-68407112(总编室)　010-68408042(发行部)
网　　址: http://www.qxcbs.com　**E-mail:** qxcbs@cma.gov.cn
责任编辑: 殷　淼　张盼娟　**终　　审:** 邵俊年
责任校对: 王丽梅　**责任技编:** 赵相宁
封面设计: 符　赋
印　　刷: 北京中新伟业印刷有限公司
开　　本: 889 mm×1194 mm　1/32　**印　　张:** 5.5
字　　数: 170 千字　**彩　　插:** 1
版　　次: 2017 年 4 月第 1 版　**印　　次:** 2017 年 4 月第 1 次印刷
定　　价: 29.80 元

2015年全国气象科普解说词大赛

来自科技部、中国科协、中科院和中国气象局等部门的评委认真听取选手的讲解

许小峰副局长为获一等奖选手颁奖

获奖选手与评委合影

2016 年全国气象科普解说词大赛

参赛选手正在进行演讲

获三等奖选手

宇如聪副局长为获一等奖选手颁奖

序

“科技创新、科学普及是实现创新发展的两翼，要把科学普及放在与科技创新同等重要的位置”，习近平总书记一再强调科学普及的重要性。科普讲解与科学普及有着不解之缘，对于公众特别是青少年而言，通俗易懂、生动形象的科普讲解不仅能够帮助他们理解科学，而且有可能成为引导青少年热爱科学、向往科学、走进科学殿堂的金钥匙。

气象与人类活动密切相关，无论国内外，气象科普都有着深远的历史渊源。近些年来气象受到社会各界的日益关注，每年有数百万人次走进各级气象科普教育基地，认识气象、了解气象，众多专职或兼职气象科普讲解人员承担起向公众普及气象科学知识的重任。

为提高气象科普的传播水平，中国气象局、中国气象学会于 2015、2016 年连续举办了两届“全国气象科普讲解大赛”。选手们力求尝试创新气象科普讲解的内容与形式，将天气、气候、卫星气象、人工影响天气以及气象防灾减灾等科普知识，生动、形象地融入讲解内容中。为更好地发挥气象科普解说词的作用，特将 2015 与 2016 年“全国气象科普讲解大赛”的解说词选编成册，以供科普讲解的同行们相互学习、相互交流，进一步提升自身的讲解水平，同时为各级气象科普教育基地提供科普讲解素材。

我们相信，优秀的气象科普讲解一定会引导更多的人特别是青少年对气象科学产生兴趣和向往，让气象科学走出象牙塔、飞入寻常百姓家，为提高全社会与公众的气象科普素质做出自己的贡献。

中国气象局副局长 许小峰

目 录

序

气象科普解说词(2015年)

气象科普解说词(2016年)

气象科普解说词(2015年)

关于风的那点事儿

中国气象局公共气象服务中心气象影视中心　张　娟

相传,在古希腊,有兄弟四人被困在天边的山洞。不知过了多少年,神搬走了堵在洞口的巨石,四兄弟冲出山洞向四个方向奔去,带来了东西南北风。现在,人们当然都知道风不是四兄弟奔跑形成的,而是一种自然现象。哥伦布发现新大陆、郑和七次下西洋,都有风的功劳。

《大气科学辞典》上对风的定义是:空气的流动现象。那么,今天我们就来聊一聊空气为什么会流动。

我们来做一个实验:在两个容器中先放满一样多的水,当对其中一个容器加热的时候,水会蒸发,容器里的水会慢慢变少,这时候,如果拿掉两个容器中间的隔档,水就会从多的一边流向少的一边。其实,空气的流动和水的流动十分类似,如果我们把容器中的水换成空气,加热的过程中,空气受热膨胀上升,密度变小,这时拿开两个容器中间的隔档,空气就会从密度大的一侧向密度小的一侧流动,而这时如果你站在两个容器中间,就会感受到空气的流动,这就是风。

如果空气按照人骑自行车的一般速度流动，那么此时的风力大概为3级。6级风的速度和博尔特的最快奔跑速度差不多，如果这时候站在风中，你耳边会有“呼呼”的风声，身体开始有所倾斜。要是风力继续增大，气象台就要发出大风蓝色预警了，此时出门一定要注意远离大型的广告牌。汽车在我国高速公路上的最高行车速度(120千米/时)与12级风的速度大致相当，这也是台风级别中心附近的风速，这么大的风，人已经无法在其中保持站姿，在户外是很危险的。我再告诉大家一个小秘密：我们打喷嚏时喷出气流的速度其实和火车的速度是差不多的，超过160千米/时。

风，确实会制造一些灾难：台风、龙卷风所过之处往往一片狼藉，多少人因为家园被毁而痛心疾首！但是更多的时候，风承担着重要使命：它促进地球热量平衡，让冷的地方不那么冷，热的地方不那么热；它还为人类活动提供新的能源——风能。1973年的世界石油危机以后，风能作为一种无污染、可再生的新清洁能源逐渐得到了重视。美国能源部调查显示，整个美国的用电问题，仅仅通过利用得克萨斯州和南达科他州的风能发电就能够解决，可见风能开发的潜力之大。而对于我国来说，清洁能源的利用还远远不够，煤、石油等化石燃料的燃烧对大气所造成的污染也显而易见，能源清洁化迫在眉睫！希望10年以后，广州不再被霾所困扰，希望10年以后，当我站在北京，偏南风带来的不再是$PM_{2.5}$，而是明媚的阳光和湛蓝的天空。

小草莓成长记

河南省郑州市气象局　戴　瑛

今天，我来带领大家走进郑州市农业气象科普基地，这里有各种蔬菜和水果大棚，草莓大棚就是科普基地大家庭的成员之一。大家知道为什么以前只有在六七月份才能吃到酸甜可口的草莓，而现在连冬天也有这样的口福吗？现在，我们就一起来了解一下大棚草莓的生长过程。大棚技术，让这个原本只喜欢温暖气候，不抗炎热也不耐严寒的小家伙，在更多的季节有了展示自我的机会。

大棚草莓从7月培育幼苗到11月现蕾、开花，然后来年1—2月果实膨大再到成熟，比自然生长的草莓的生产期延长了6个月。所有植物的生长都离不开光照、温度和水分，小草莓也是一样。今天我们主要来说说气象因素对草莓从开花期到成熟期的影响。

草莓开花期的气温如果低于5℃，花粉就会发育不良，再勤劳的小蜜蜂也“巧妇难为无米之炊”，小草莓授粉不好就会变得奇形怪状，或者变成小矮个儿。开花期低温是造成畸形果的重要原因。

坐果期湿度大会导致病害。进入果实膨大期后，空气相对湿度最好保持在50％～60％，如果湿度过大，各种病菌就会耀武扬威了，容易滋生病害，比如出现白斑和霉点，更严重的是果实发生腐烂。以前，农民很难准确把握湿度，什么时候通风仅凭感觉。现在，大棚里安装了小气候观测站，棚内温度、湿度、光照、二氧化碳浓度、土壤水分就科学精准、一目了然了。

从果实膨大期到着色期，再到成熟期，充足的光照会使草莓着色好、口感好、香味浓。

草莓要想红彤彤的很漂亮，吃起来香甜可口，大家知道哪一步最关键吗？为什么新疆的瓜果那么甜呢？对，光照最重要！从果实膨大、着色，再到成熟，需要良好的光照条件。但大棚草莓的制约条件就是冬季日照差，我们就用安装日光灯人工加光的方法，增加棚内光照强度、延长光照时间，这样，草莓就会糖分多、口感好、香味浓。从气象角度来说，就是利用灯光代替日照，来补充自然条件的不足。有了光合仪——一种测量叶片光合作用能力的仪器，我们就能够得到更多科学数据，来判断光照是否充足。

气象部门除了可以通过飞机、大炮进行人工影响天气，为干旱的大地增加雨露润泽，还可以通过很多先进的观测仪器，精细化地为农服务，帮助农民不再完全靠天吃饭，通过气象科技创造更好的生活。

揭开冰雹的“面纱”

湖北省气象局　王天奇

说到冰雹，很多人都见过，小的有绿豆、黄豆大小，大的有鸡蛋那么大，甚至有人说见过比柚子还大的冰雹。

冰雹不仅仅是一整团冰，如果把它切成薄片，仔细观察，会看到这样的结构：中间有一个核，叫雹核；而雹核外面是被一层一层的冰衣包裹着的，少则二三层，多的可达二三十层，就像树的年轮一样。

为什么冰雹会长成这样？我们来看看冰雹是怎么形成的。

在春夏季节，有时候对流旺盛的云团会长得很高，高者达10千米，这便为冰雹的诞生提供了生长发育的摇篮。这种云团叫作冰雹云。

如果把冰雹云看作一栋房子，那么这房子有很多层。一楼相对温暖，温度在0 ℃以上，这里住着很多水滴。二楼的温度为0～－20 ℃，这里不仅住着水滴，还有冰晶和雪花。三楼及其以上非常寒冷，气温在－20 ℃以下，住着冰晶和雪花。

在这样一个家族里，冰雹最开始还不能称为冰雹，它的“婴儿时期”只是一粒小小的雹胚。

冰雹云家族里有一部可以自由升降的电梯，这座电梯的名字叫气流，上升时叫上升气流，下降时叫下沉气流。开始的时候，小雹胚乘着上升气流上到二楼或三楼，会被穿上一件由冰晶和雪花做成的棉袄，看上去不透明了。当电梯升到更高层楼时，力量减弱，托举不住小冰雹，小冰雹就会乘着下降气流降落到一楼，又穿上一件水滴做成的透明衣服。此时，小冰雹又会被更强的上升气流再次带上去，就这样，小冰雹在云中不断地翻滚上下，每上升、下降一次就会穿上一件不透明和透明的衣服，越穿越厚，越变越大，最后，当上升气流完全托不住它的时候，它就从云中落到地面。

冰雹不太讨人喜欢，常常造成人员受伤，房屋、汽车等财物受损，农作物遭殃。那我们该如何防范呢?

“黑云黄边子，必定降雹子。”这是过去人们总结的经验。而现在，气象部门可以通过气象卫星、天气雷达等来观云测天，提前预报，及时发布冰雹预警信号。

在冰雹来临前，应当及时把牲畜赶进棚内，给车辆罩上布衣。如果冰雹已经开始下了，人们就要赶紧找地方躲避。

此外，气象部门也在积极研究如何进行人工防雹，把灾害损失降到最低。

0.85 ℃与 2 ℃的故事

上海市徐家汇观象台　王耔晔

大家好！欢迎来到徐家汇观象台参观，与这栋上海市优秀历史建筑亲密接触，一同领略近代以来上海气象 140 多年发展的历史画卷。

英国气象局哈德莱中心绘制的《全球百年气温变化图》上的数据，展示了过去的 100 多年间，地球表面的平均气温呈现上升趋势，升温的幅度约为 0.85 ℃。

为什么我们要特别提及这张图？它和徐家汇观象台又有怎么样的联系？这就要从徐家汇观象台的历史说起了。

徐家汇观象台成立于 1872 年，是近代全球最早从事气象观测和服务的机构之一。这里绘制出了“远东第一张天气图”，发布了中国的第一个台风警报，开展了诸如臭氧、地磁等观测研究，也曾经是世界经度联测的三大测量基准点之一……这座集天文、气象、地磁、地震、授时多功能于一体的观象台，拥有“远东气象第一台”的美誉。

“1872 年 12 月 1 日，多云，最高气温 16.9 ℃，最低气温 4.8 ℃，气压 767.06 毫米汞柱”，上海近代气象观测历史就从这寥寥数字正式开始……难能可贵的是，之后的 140 多年间，这里的气象观测从没有间断过一天。

这些长期、持续、高质量的观测资料向我们展示了上海在过去 5 万多个日日夜夜里的阴晴冷暖变化，也为上海、全国乃至全球的气象预报提供了宝贵的依据，对于研究气候系统变化更是至关重要。

因此，当英国气象局哈德莱中心和英国东英吉利大学在为研究全球气候变化，构建近200年全球陆地及海洋平均气温数据而选取站点时，科学家们不约而同地选择了徐家汇观象台观测资料作为重要的数据来源。2012年，为表彰它对世界气象组织（WMO）全球观测系统演进发展实施计划做出的突出贡献，徐家汇观象台被授予“世纪气候站”的殊荣。

徐家汇观象台140多年的数据同样被引用到联合国政府间气候变化专门委员会（IPCC）的研究报告中。最新的研究报告进一步指出气候系统变暖是明显的、毋庸置疑的观测事实。气候正在发生变化，且主要是由人类活动，特别是温室气体排放所造成的。

如果不采取明确的行动，任由人为的温室气体排放量继续扩大，到21世纪末，全球温度将会升高超过4 ℃，地球将受到灾难性的影响。为此，IPCC提出了将21世纪末全球气温上升幅度控制在2 ℃以内的目标。

要达成这一目标，需要世界各国政府的努力，也需要我们每个人的坚持。实际上，地球并不要求我们多慷慨，不需要我们将每分钟、每分钱都用来做有意义的事，也不需要我们做多大的牺牲，只需要做一些简单的小事，每天坚持低碳生活、绿色生产。

让我们为保护地球——人类共同而唯一的绿色家园，行动起来！

令人叹为观止的“雷公、电母”

安徽省淮北市气象局　卢晓婷

雷和闪电是大自然舞台上最奇特的灯光和音响，常能使人感到震撼和惊奇。雷在咆哮的时候，好像整个宇宙都要坍塌，而闪电突如其来的绚烂，使漆黑的天空顷刻之间辉煌明亮，仿佛真的有“雷公”和“电母”在苍穹之上施展魔力。

那么雷电到底是什么呢？它又是怎么产生的呢？其实，雷电就是伴有雷鸣和闪电的一种放电现象。当“雷公”和“电母”还未出生的时候，它们的胚胎是在对流发展旺盛的积雨云中酝酿而生的。云中有电荷，电荷的分布比较复杂，但总体而言，云的上部以正电荷为主，下部以负电荷为主，因此会形成电位差，当电位差达到一定程度后，就会开始放电，这个时候，“电母”就出生了，也就会出现我们常见的闪电现象。在“电母”释放魅力的时候，由于闪道中温度骤增使空气体积急剧膨胀，从而产生冲击波，就会唤醒沉睡的“雷公”，导致强烈的雷鸣。当带有电荷的雷雨云与地面的突起物接近时，它们之间就会发生激烈的放电。在雷电放电的地点，会出现强烈的闪光和爆炸轰鸣声。这就是“雷公、电母”的成长历程，也就是我们见到的闪电和听到的雷鸣来源。

自古以来，人们对于雷电的感受都是气势磅礴又令人心生敬畏。其实敬畏就对了，因为“雷公”和“电母”自出生起，就拥有强大的气场和杀伤力，人体一旦碰触到它，电流就会迅速通过身体，造成皮肤灼伤，甚至死亡。近年来，由于生长环境的恶化，“雷公、电母”

的脾气变得愈加暴躁，从而使遭雷击身亡的人数持续增加。所以我们千万不要去招惹它们，在它们出来发脾气的时候，要尽量躲着、防着它们：关闭门窗、电器、电源，远离金属物体，远离空旷平地，远离大树和高塔。虽然“雷公、电母”不是故意的，但是它们产生的雷电流还是会破坏各种照明设备、电信系统、房屋建筑，所以科技人员会用避雷器对它们进行防御。

当然了，“雷公、电母”也不是只会闯祸，它们还有神奇的魔法，比如制造氮肥，促进生物生长；制造负氧离子——也被称为“空气维生素”，可以起到消毒杀菌、净化空气的作用，对人体健康很有利，因此在雷雨后，空气往往格外清新，令人们感到心旷神怡。

雷公、电母就是这样任性又霸道，像张牙舞爪的怪兽，又像热情活力的精灵，让人又爱又恨。只要我们和它们做朋友，用正确的方式和它们相处，就会让属于我们大家的这个美丽星球变得更加和谐与美好！

遇见暴雨

福建省厦门市气象局　姜年辉

今天演讲的一开始，我想首先带大家做一次时空穿越。请大家带上你们无穷的想象力，来跟我一起聆听接下来这段声音……

没错，我想大家已经听出来了，这就是暴风骤雨在夏日夜空的一声声呐喊。为了更身临其境，我们再来看一小段视频：这场暴雨发生的时间是 2013 年 5 月 16 日，发生的地点是美丽的鹭岛——厦门。这场暴雨使厦门多地出现了严重的积水，当时的雨量也创下了我国自 1953 年以来 5 月份的最大日降雨量。我对这场暴雨的印象十分深刻，因为我就是亲历者之一。在我下班回家的路上有一处低洼地段，那天雨势很大，我乘坐的出租车根本无法通行，于是我和同行的几个朋友都选择了步行回家。

而到家之后，已经是 17 日凌晨，天空像突然被撕开了一个大口子，暴雨倾盆而下。凌晨 1 时多，又一波强降雨来临，雨势如狂，还伴随着隆隆的雷声。这次降雨，厦门的各区都没能幸免。在美丽的"钢琴之岛"鼓浪屿，短短的 3 个小时，降水量就达到了 114.4 毫米。在 12 小时内降水量达到 70.0～140.0 毫米，被称作大暴雨。这场降雨的强度如此惊人，就连台风来临时的降雨都相形见绌。

那么，我们所说的降雨量又是如何得到的呢？其实很简单，降雨量的得出，是通过测量一定时段内的降雨，未经蒸发、渗透、流失而在水平面上累积的深度实现的，如果降雨量是 1 毫米，其实每平方米对应的就是 1 升水。

鼓浪屿 114.4 毫米的降雨量，就相当于每平方米接收了约 114.4 升水。以鼓浪屿 1.91 平方千米的面积来计算，这短短的 3 个小时，鼓浪屿产生的水资源就约 2.185×10^8 升。打个比方，将这么多的水装进市面上常见的 750 毫升的红酒瓶中，可以装满超过 2.9×10^8 瓶！如此庞大的水资源，如果我们能够对其充分地回收利用，它将能满足 100 个普通三口之家近 40 年的生活用水需求。当然，除了生活用水，它还能满足国家游泳中心“水立方”22 次彻底换水的总用水需求。更重要的是，它可以帮助那些干涸的土地恢复生机和美丽。

但事实上，我们并没有能够充分利用和回收如此庞大的水资源。难道暴雨的声音就只是电闪雷鸣的“轰隆”声和雨水的“哗哗”声吗？我更想把这看作降雨对我们的一种呼唤，是一种命运交响曲，其实我们的命运就在自己的手中。

令人欣喜的是，厦门在 2015 年 4 月初成为我国首批试点建设的“海绵城市”。海绵城市，喻意城市能够像海绵一样，在适应环境变化和应对自然灾害等方面具有良好的“弹性”，下雨时吸水、蓄水、渗水、净水，需要时将蓄存的水“释放”并加以利用，提升城市生态系统功能和减少城市洪涝灾害的发生。相信在不久的将来，会有更多的降水可以被有效收集，有更多的水资源可以得到良好保护。我们也希望，大家通过对暴雨的了解，从此刻开始，呵护我们的地球母亲。谢谢大家！

山东省济南气象科普馆

山东省济南市气象局　窦璐琳

今天，我要带大家一起参观山东省济南气象科普馆。

济南气象科普馆占地约 5500 平方米，2014 年 3 月开始对外开放，短短一年多的时间，这里已接待了两万多人。科普馆采用全新的“声光电”技术，为大家展示气象防灾减灾、人工影响天气等多方面的知识。接下来，就由我带领大家一起揭开气象风云变幻的神秘面纱。

一进大门，我们就能看到一座浮雕墙，在它的正面，展示的是木欣欣以向荣，泉涓涓而始流——一派生机勃勃的景象。在它的背后，展现的却是济南自南北朝以来重大的气象灾害事件。让我们来看一个触目惊心的例子：2007 年 7 月 18 号下午，一场暴雨来势汹汹，短短 1 小时降水量达到 150 毫米，3 小时达 181 毫米，济南顿时变成泽国，市中心最繁华的地下商场俨然成了一个大水箱。这场暴雨导致约 33 万人受灾，30 多人死亡，170 多人受伤，直接经济损失达 13.2 亿元。这一个个数字给我们每一个人敲响警钟：一定要加强防灾减灾意识，提高气象灾害的预警能力！

这里有一个互动式的游戏项目，能够让大家更直观、更生动地了解到，在暴雨、雷电等灾害发生时，该如何避险与开展救援。而且，人们可以通过这个小游戏，了解到人工增雨的工作原理，也可以成为一名“炮手”，亲身体验一次人工增雨的工作过程。

您是不是也觉得这样的方式比单纯的说教更有意义呢？

现在，让我们一起通过一段“时空隧道”，来到人工影响天气展厅。说到人工影响天气，它可对济南有着非凡的意义。济南被称作“泉城”，“七十二泉”造就了济南“家家泉水，户户垂柳”的美景。但是，自20世纪80年代以来，济南水资源匮乏，地下水位急剧下降，泉群时停时喷。为了保住泉水，济南市从2006年开始，采取“专武结合，军地协作”的方式，投入大量资金，在南部山区建设了27个人工影响天气作业区。从2006年到2015年4月30号，全市共进行增雨作业163次，发射增雨火箭弹15053枚，使趵突泉持续喷涌12年，创下了近40年来持续喷涌的最长时间记录。

现在，我们看到的是“曙光”“CARY”“IBM”等巨型计算机，他们可是我们的镇馆之宝，使我国在数值天气预报领域取得了突破性的进展。像这台“CARY”巨型计算机，它的到来可谓是十年磨一剑，为什么这样说呢？因为从1985年起，我国就开始与美国克雷公司进行商谈，直到1994年才正式签订购买合同，“CARY”巨型计算机才能够漂洋过海来到中国。它的性能虽然不能和现在的计算机比拟，但在当时，它对我国气象事业发展所做的贡献是无可替代的。

我们的科普馆，需要介绍的太多了，今天短短的4分钟，我只能介绍一点皮毛。希望有越来越多的人能够来到济南气象科普馆，了解更多的气象知识，提高灾害的避险能力。

人工增雨背后的秘密

湖北省武汉市气象局公共气象服务中心　李　萍

当高温、干旱、雾霾困扰我们的时候，下一场及时雨就显得尤为重要。每到这时，有些网友就调侃希望“雨神”萧敬腾可以来自己的城市开一场演唱会，因为只要他到哪个城市开演唱会，哪个城市就一定会下雨。其实，这所谓的“雨神”只是一系列小概率巧合事件所带来的全民娱乐，在现实生活中，雨神是不存在的。那么，我们现在到底有什么技术可以人工增雨呢？

首先要强调一下，人工增雨并不意味着可以做“无米之炊”，以目前的技术能力，人类还做不到在晴空条件下“人工造雨”。人工增雨的重点是“增”，需要天上有合适的云，而且最好是积雨云。有了合适的云之后，对它施加一定的影响，可以提高下雨的概率、增大降雨量。

接下来，我们一起来看一看自然降雨的形成原理。我们知道，空气中有水汽存在，要想把水汽变成降水，至少有两个条件：一是空气中有凝结核，能够让空气中的水汽凝结成水滴；二是凝结的水滴要通过碰撞、合并等过程逐渐增大，直到空气托不住的时候才会降落到地上形成降水。人工增雨实际上就是利用了雨的形成机制。如果将云中的水比喻成一座水库中的水，水库的闸门开启得小，流出的水量就小，人工增雨就是向云层中播撒适量的催化剂，例如碘化银、干冰等，使“小水库”的闸门开大一些，以便让更多的水流出来。

人工增雨在我国通常采取以下三种方式:第一种是飞机携带催化剂,入云播撒。第二种是利用火箭、高炮发射携带催化剂的火箭弹或者炮弹,打到云中合适的部位来进行人工播撒。第三种是在山区布设燃烧炉,燃烧含有碘化银的烟条或者催化剂,通过上升气流把地面燃烧的碘化银带到云中。同时,请大家放心,每次人工增雨使用的几十克至上百克的碘化银,经过科学检测,对环境是没有危害的。

利用现阶段的技术,我们可以在"天时、地利、人和"的情况下实现人工增雨,也可以反过来实现人工消雨,保障一些大型活动的开展。它的原理就是向云中过量地播撒凝结核,让水汽成不了大雨滴,通俗点讲,就是"让雨憋着下不来"。不知道大家是否还记得2008年那场盛况空前的奥运会开幕式,其实这场伟大的开幕式背后,站着无数气象部门的无名英雄,他们应用人工消雨技术保障了开幕式的圆满成功。

其实,无论是人工增雨还是人工消雨,我们的目的只有一个:让天气为我们人类服务。"路漫漫其修远兮",我们相信,人工影响天气这项工作,只有起点,没有终点!

雷电的自白

陕西省气象局　张　静

大家好，我是雷电。中国古代民间曾流传着“雷公、电母”的神话，说天上有“雷公”——专门管打雷的神，还有“电母”——专门管闪电的神。这是由于古人缺乏科学知识，不能正确解释雷电现象，就把我与鬼神联系了起来。

那你们知道我究竟是从哪儿来的吗？我在积雨云（也叫雷雨云）状态时出现。积雨云下方带负电，地面带正电，正负电相互吸引就产生了电流，并形成亮光，这就是闪电；闪电时会产生大量热量，使周围空气急剧膨胀，发出巨大的轰鸣声，这就是我——雷电。我虽然表面很可怕，有点令人生畏，但并不神秘。

我的电压很高，能量很大，一个中等强度的雷电拥有相当于一座小型核电站的功率。

我一般在夏季出现，偶尔也会在冬季露露脸。

每次我出门的时候，总有大风和暴雨相伴，有时冰雹和龙卷风也赶来凑热闹。

我的脾气很大，会对人们的生命安全造成较大威胁。但是，我的生命特别短，出现一次只有0.01～0.1秒。

你知道我最喜欢去哪些地方吗？高耸突出的建筑物和建筑物的突出物体，如水塔、高耸的广告牌、烟囱、管道、太阳能热水器，还有屋脊和檐角，以及自然界中的树木等地方，我都经常“造访”。

知道了我的行踪，那如何躲避我呢？记好了，如果我来时，你正好在屋内，请关闭门窗；远离各种线缆和金属管道；不要上网、打固定电话，尽可能切断电器设备的电源；不要洗澡，尤其不能使用太阳能热水器。如果很不巧，你在外面遇到我，那么不要在铁栅栏、金属晒衣绳、架空金属体以及铁路轨道附近停留；远离大树和高大建(构)筑物，赶紧找个低洼的地方蹲下躲起来；这个时候就不要赶路了，尤其不能骑自行车，不然我会抓到你的。

说了这么多，难道我只是一个十恶不赦的大恶魔吗？其实，我还是农业生产不可或缺的功臣呢。

我很重要的功绩是制造氮肥，制造负氧离子，促进生物生长。如果你们能正确利用我，我还是一种无污染的能源哦。

现在，你们还没有发明出能承载我这样高电压的电容器，要想用好我，还得好好加油，我期待为你们提供更多的服务！

谁持彩练当空舞

安徽省铜陵市气象局　张　娟

大家好！我是来自安徽省铜陵市气象公园的科普解说员。当我每天带着络绎不绝的游客，参观我们这座全国最大的气象科普主题公园时，映入眼帘的第一道景观就是这扇气势恢宏的彩虹大门。这时，常有诗兴大发的游客深情吟诵毛主席的著名诗句："赤橙黄绿青蓝紫，谁持彩练当空舞？"

那么。彩虹是怎样形成的呢？早在中国唐代，精通天文历算的进士孙彦先便提出"虹乃雨中日影也，日照雨则有之"，算是道出了彩虹形成的本质原因。从科学的角度上说，彩虹形成的原理并不复杂：当太阳光照射到空气中的水滴后，其光线被折射或反射，在天空中就可能形成拱形的"七彩光谱"。

我们可以做一个小实验：把喷水器调成喷雾状态，在中午的阳光下找一片树荫，拿着喷水器朝东南方向的空中喷水，水雾从空中落下时，就可以把阳光的颜色折射出来，你也就能看到彩虹了。这个实验告诉我们：只要空气中有水滴，而阳光在观察者的背后以低角度照射，便可能产生可以观察到的彩虹现象。

彩虹的出现与当地天气变化也密切相关，一般东方出现彩虹时，本地是不大容易下雨的，而西方出现彩虹时，本地下雨的可能性很大，所以有民谚"东虹日头西虹雨"。

夏季是彩虹最常出现的季节。夏日雨后，大气中的小水滴数量较多，最易形成彩虹，晚唐大诗人李商隐就有"虹收青嶂雨，鸟没夕阳天”的诗句。由于“夏雨”有时空分布不均的特点，不下雨的地方，空气水分少，不易形成彩虹，所以，夏日雨后，常常会有“残虹”“断虹”的出现，如南朝张正见在《后湖泛舟》诗中写道：“残虹收度雨，缺岸上新流。”

雨后的彩虹，绚丽程度也常常不停变化，或隐或现的彩虹，时有时无的“残虹”“断虹”，仿佛一个巨人在执手挥舞。

正因为夏日雨后出现彩虹的可能性较大，1981 年 7 月 29 日，在英国查尔斯王子与黛安娜小姐结婚的大喜日子里，气象学家们别出心裁，用人工增雨的方式使伦敦下了场大雨。大雨过后，空气宜人，并且天随人愿，伦敦上空出现了巨大的彩虹，为王子的婚礼增添了喜庆色彩。

彩虹是大自然赐给人类的美丽风景，唱主角的是阳光和水滴。彩虹也可以是人工影响天气工程制造的奇观，唱主角的就是观天测雨的气象人！正可谓：谁持彩练当空舞？气象美景贯古今！

气象服务利器——人工增雨

云南省气象科技服务中心　江慧敏

在我国，云南是唯一一个干湿分明的季风区，每年的11月到次年的4月是干季，半年的降雨量只占到全年的15%左右。这一时期，云南常常出现季节性干旱。森林火灾、耕地干裂、用水困难等，这些让人揪心的画面也在这一时期密集出现。为了应对这些问题，近年来，云南省频频开展人工增雨作业，来扑灭林火、缓解旱情、增加库塘蓄水等，目前已经形成一种常态化的业务。

比如，2014年云南省实施以飞机为主、地面为辅的立体式人工增雨作业，累计增加降水25.62亿立方米，其中库塘蓄水增加4.35亿立方米。出现了让全国人民关注、揪心的连续5年的特大干旱后，云南省气象部门就在昆明地区的第一大供水水库——云龙水库，实施了常态化的人工增雨，使得云龙水库一带的降雨量比周边地区明显增多。据统计，2014年5—11月，在径流区内平均增雨833.3毫米，比径流区外增加204.7毫米。

另外，利用人工增雨扑灭森林大火在云南也很常见。这还要追溯到1979年，当时云南香格里拉出现了严重的森林火灾，云南省气象部门上下联动，利用飞机、火箭通过“空地结合”开展人工增雨作业，扑灭了林火，这也开创了我国利用人工增雨扑灭森林大火的先河。在2008年的中缅边境森林火灾、2011年的丽江森林火灾、2014年的安宁森林火灾中，人工增雨都做出了不小的贡献。

于是，现在一遇到干旱或者森林大火，人们便会说，让气象部门来进行人工增雨缓解旱情、扑灭火灾吧。其实，这是公众对人工增雨的一种片面的理解，并不是所有的天气条件我们都能成功增雨。事实上，晴天时是做不了人工增雨的，阴天时如果云层很薄也无法实施人工增雨，只有在自然降水条件满足要求的情况下，再加上一些必备的天气条件，才能实施人工增雨作业。这些必备的天气条件包括：一是云层要有一定的厚度，这个厚度一般是大于 2 千米；二是云层里含有大量低于 0 ℃而不结冰的“过冷水”；三是地面的风力要小于每小时 10 千米。这是人工增雨通过向云中播撒干冰或碘化银催化剂，使水蒸气凝结成核，最终形成降水所需的一切条件。通俗地说，人工增雨就是：把小雨滴变成大雨滴，把可能下雨变成可以下雨。

其实，人工影响天气就是人与天斗的竞赛、人与天和的乐趣。随着科学技术的发展，它的应用将越来越广泛，人们利用自然、驾驭自然、改造自然的能力也会越来越强大。我希望在不久的将来，人类会在大自然的舞台上描绘出更加绚丽、多彩的画卷，天空与大地将演奏出更加和谐、华美的乐章，海洋与森林会演绎出更加宁静、壮美的景象。

海市蜃楼

河南省濮阳市气象局　武菲菲

大家好！非常感谢大家抽出宝贵的时间来听我讲解我们濮阳市气象科技馆的一项展品——海市蜃楼。

相传，很久以前，夏天的时候，在平静无风的海面上常常出现一些怪异的影像，人们能看到山峰、船舶、楼台、亭阁、集市、庙宇等出现在远方的空中。古人无法用科学的原理解释这种现象，对它进行了各种猜测。有的以为是妖怪在作怪，有的说这是海中的蛟龙吐出的气，人们把这种妖怪或蛟龙叫作“蜃”。人们非常害怕，烧香磕头，祈祷蜃不要危害人间。久而久之，人们发现，蜃并没有危害人类，便又把它说成是“神山现世”。传说海中有仙山，山上的房屋是金银修砌，树上满是玉石玛瑙，还有仙人来回走动，最主要的是山上还有长生不老药。人们是越传越神乎。

事实上，海面上的空气是由折射率不同的许多水平气层组成的。夏天，海面上方下层的空气比上层的空气温度低，密度和折射率也比上层大。远处的山峰、船舶、楼房、人等反射出的光线射向空中时，由于不断被折射，越来越偏离法线方向，进入上层空气的光线入射角不断增大，以至于发生全反射，光线反射回地面，人们逆着光线看去，就会看到远方的景物悬在空中 。

有时，在炎热夏天的柏油马路上也能看到上述现象。贴近热路面附近的空气层，比上层空气的折射率小，从远处物体射向路面的光线，也可能发生全反射，从远处看去，路面显得格外明亮光滑，就像用水淋过一样。

在沙漠里也能看到蜃景。太阳照到沙地上，接近沙面的热空气比上层空气的密度小，折射率也小。从远处物体射向地面的光线，进入折射率小的热空气层时被折射，入射角逐渐增大，也可能发生全反射，人们逆着反射光线看去，就会看到远处物体的倒景，仿佛是从水面反射出来的一样。沙漠里的行人常被这种景象所迷惑，以为前方有水源而奔上前去，但那“水源”总是可望而不可及。

听了以上的种种分析，大家现在所看到的画面就是我们濮阳市气象科技馆的“海市蜃楼”实物展品，是不是有种拨开迷雾见日出的感觉呢？其实，海市蜃楼并不是真的由仙人幻化而成，更多的是古人通过想象赋予了它很多神秘的光环。

风的那点事儿

北京市观象台　李　晋

现在，对于生活在北京的朋友们，每天收看天气预报最关心的恐怕不再是第二天会不会下雨，而是会不会刮风。由于受到雾/霾的折磨，大家好像都有了这样一个认知：有了风就有了看见蓝天的希望。借此机会，我就为大家介绍一下风。

我们将空气流动的现象称为风。风的产生主要是因为气压差的存在，当一个地方的气压高，另一个地方的气压低时，空气就会从气压高的地方流向气压低的地方，这样就形成了自然界的风。

我们常说的风向其实指的是风的来向，比如北风，表示的是从北面吹向南面的风。为了更加准确地描述风向，在气象上将风向分为 16 个方位，除了在天气预报中常常听到的“东北风”“西南风”等，还有像“南南西”“北北东”这样的风向。

对风的描述除了风向之外，还有风力。我们一般用“几级风”来表示风力的大小。风的级别是根据风对地面物体的影响程度而确定的，国家标准《风力等级》将风力划分为 18 个等级。一般 12 级以上的大风，在陆地上是很罕见的。不过，我国的新疆地区就曾出现过 12 级以上的大风。

2007 年 2 月 28 日，新疆地区发生了旅客列车脱轨事件，而造成这场重大列车事故的罪魁祸首就是风。据测风仪记录，这场事故发生时，列车脱轨地点的瞬时风力达到了 12 级以上。新疆地区之所以会产生这么大的风，主要是受其地形的影响。新疆铁路正好从天山山脉和吐鲁番盆地之间穿过，这两地的海拔差非常大。当冷空气到来的时候，由于受到天山的阻挡，冷空气就会在此处不断地积累；当冷空气越过天山后，由于存在巨大的海拔差，冷空气就会像一匹脱缰的野马一样，迅速地向下冲去，从而形成了新疆著名的“三十里风区”和“百里风区”。本次事故就发生在三十里风区附近。

讲了这么多，风又是怎么观测的呢？

首先介绍一下风杯风速传感器，我们通过测量风杯的转速来确定风速的大小。下面介绍单翼风向传感器，顾名思义，它是用来测风向的。我们把它们固定在10～12米高的风塔上进行风的测量。

风不是只会给我们带来灾难，它的作用也不仅仅是为我们吹散雾/霾，它还是一种清洁的可再生能源。风力发电不仅可以缓解人类对于煤炭需求的压力，更可以减少污染物的排放，让蓝天常驻北京。所以，只要合理应用，风同样是大自然送给我们的宝贵礼物。

中国四大自然奇观之一——吉林雾凇

广东省广州市花都区气象局　于　佳

提起我国东北地区的冬季，人们一定会想到那皑皑白雪和呼啸的寒风，但是，在我的家乡——松花江畔的一个美丽城市——吉林市，却另有一番“冬日里的春天”的别样风光。每到三九严寒时，松花江边便会盛开吉林人民引以为傲的“冰花”，这就是驰名中外的吉林雾凇。吉林雾凇因其得天独厚的地理和自然条件而独具特色，与桂林山水、云南石林、长江三峡并称为“中国四大自然奇观”。

吉林雾凇与其他三处自然景观最大的不同之处，在于其不可预知性。雾凇来时，“忽如一夜春风来，千树万树梨花开”；雾凇去时，“无可奈何花落去，似曾相识燕归来”。真正是说来就来，说走就走，一派天然使者的凛凛之气。

说到这里，大家不禁要问：“雾凇是怎么形成的呢？”

在吉林市松花江畔的十里长堤上，存在着“严寒的大气”和“温暖的江水”这对儿互相矛盾的自然条件。吉林市冬季气候比较寒冷，早晚气温一般都低至－25～－20 ℃，每年的 12 月至次年 2 月间，松花江上游松花湖水库里的水从丰满发电站的大坝排出时，水温在 4 ℃左右。这样，松花江水流经市区的时候，非但不结冰，江面上反而总是弥漫着阵阵雾气。空气中过于饱和的水汽遇冷凝结，便形成了名副其实的美丽雾凇。

雾凇除了具有视觉上的观赏价值外，还是空气的天然清洁工。人们在观赏雾凇时，会感到空气格外清新舒爽、滋润肺腑，这是因为雾凇具有净化空气的功能。

据环保部门检测，在雾凇出现时，吉林市松花江畔每立方厘米的负氧离子可达上千至数千个，比没有雾凇时要多5倍以上。

吉林省吉林市在每年1月中旬举办的盛大雾凇冰雪节，更是受到国内外游人的喜爱。在这个全国唯一一个省、市同名的城市，雾凇奇观早已闻名海内外，成为中华民族的瑰宝，每年吸引大量国内外游人驻足观赏。

朋友们，听我介绍了这么多关于雾凇的美景，您是否想去我的家乡吉林一睹雾凇的真容呢？但是，在这里我要告诉大家一个紧迫的消息，由于近几年来大气中的二氧化碳等温室气体的含量迅速增加，引起全球气温明显上升，东北也出现了持续“暖冬”的现象，气温在−20 ℃以下的日子并不多见，看雾凇也变得可遇而不可求了。在过去“冷冬”期间，吉林雾凇每年冬季平均出现23.5天，现在是“暖冬”，雾凇出现的日数就更少了，这就是每年数以万计的观赏者千里迢迢乘兴而来，却往往败兴而归的主要原因。

“近赏雾凇，远离雾霾”是近几年来吉林市民自发的环保口号。让我们大家都来关爱自然、保护地球吧，手挽手、肩并肩、心连心地筑起一道绿色的环保大堤，捍卫环境，捍卫我们美好的家园！让这些大自然的美景在生活中能够随处可见。

风是“双刃剑”

中国气象局公共气象服务中心　朱　茜

大家听见了吗？对，这是风的声音。风是看不见、摸不着的空气流动。太阳辐射造成地球表面受热不均，进而引起大气层中压力分布不均的空气沿水平方向运动，就形成了风。风可以温柔，更可以狂暴危险。今天，我就带你们一起认识这多变的风。

我们将从这儿开始：零级烟柱直冲天，一级青烟随风偏，二级清风吹脸面，三级叶动红旗展，四级树摇飞纸片，五级带叶小树摇，六级举伞步行艰，七级迎风走不便，八级风吹树枝断，九级屋顶飞瓦片，十级拔树又倒屋，十一二级陆上很少见。在座的多数人对它肯定很熟悉，它非常直观地呈现了风对环境的影响。

中国天气网有个“数据帝”，他就对此研究了一番。人，的确可以抵抗一定等级的风。国外就有人专门推算过，当风速达到每小时20英里（约32.2千米），也就是5级风时，人就要通过前倾身体来保持平衡，如果风力继续增大，就有一定危险。6级风就相当于空气以“飞人”博尔特的最快奔跑速度（10.4米/秒）朝你撞过来。当平均风力达到8级时，人站在风中就像迎面对上正常行驶的地铁，这时，你遇到附近的广告牌最好绕着走。

我们把风力加大到10级以上，会发生什么？这个级别的风，陆地上很少见，出现时基本都跟台风有关。还记得那个“绑树哥”吗？

当时台风“海鸥”登陆广东徐闻，风力达13级，为了不被吹走，记者必须把自己绑在树上。而去年（2014年）的超强台风“威马逊”，更是以相当于17级的风力登陆我国，这可是动车甚至高铁运行的速度！这样的风带你飞都没问题。

听起来很吓人，但如果善加利用，这无形的风还能变成对我们非常有益的能源，风力发电就是风能利用的重要形式。说到这儿，我还想和大家澄清一个事情。近年来，雾/霾问题越来越受人们关注，也就出现质疑了：是不是因为风力发电迅速发展，把风变小了，所以现在才有这么多“雾霾天”？

其实不是这样的。此前，美国斯坦福大学就有人通过实验做过估算：如果用风能满足全球对能源的需求，那么风能开发造成的1千米以下大气层能量的损失为0.006%～0.008%，是十分微弱的。

与其怪罪风力发电，不如说是全球变暖和城市化建设让风变小了。全球变暖减小了冬季海洋和欧亚大陆的温差，空气的流动也就不如之前快，风速也相应减小。而我们的城市化建设增加了地表的摩擦作用，高大的城市群还会产生“绕流阻力”，让风像遇到石头的水流一样，从城市周围绕过。

所以，不是风力发电让雾/霾多了，正相反，如果我们想减少雾/霾，发展风力发电来替代煤炭、石油等矿物质能源，以减少污染物排放，会是很好的选择。

总之，风是重要的气候资源，它变化不定又潜藏危险，但它本身也是可再生、无污染、能量大、前景广的能源，在警惕风给我们造成伤害的同时，我们也要善于利用风能。

对了，最后还要感谢那在风中凌乱的“绑树哥”，以及未来可能出现的“飞起来哥”“崩溃姐”等大批“追风人”，向你们致敬！最后的最后，警告：“追风”是专业动作，请勿模仿！

空间天气与人类活动

国家卫星气象中心　闫小娟

是什么力量，让北美洲突然大规模停电？又是什么原因，让太空中的卫星失灵？地球外的太空真的是一片安宁寂静吗？闪亮的太阳耀斑、神秘的太阳黑子、狂暴的日冕物质抛射，它们是否与地球存在着某种联系？它们对我们的生活又将产生怎样的影响？

1989年3月13日晚11点，整个加拿大魁北克省和美国部分地区的供电网络瘫痪，600多万人在漆黑而寒冷的冬夜里，度过了惶恐的9个多小时。事后人们才知道，事故的元凶就是太阳风暴。受太阳风暴的影响，在同一天，美国、日本的通信卫星出现异常，全球无线电通信信号受到极大干扰。这一天，让很多人记住了一个名词——空间天气。

通常的天气指的是"阴晴雨雪、冷暖干湿"等状态，而空间天气指的是在太阳到地球这个广袤的空间中瞬时或短时间内的状态。与日常所说的天气一样，空间天气也有好、差及恶劣之分。所谓好的空间天气，就是指日地之间的太空处于相对平静的状态，人类活动不受干扰；所谓差的空间天气，是指日地空间具有不同程度的扰动，但扰动的规模和强度都不大，不会造成重大的影响；而恶劣的空间天气，则是指太阳、行星际空间、磁层、电离层、高层大气等各个空间区域的状态，发生爆发性的剧烈变化，如日冕物质抛射，大的耀斑爆发，地磁暴、电离层暴等，这时，地球处于太阳风暴的猛烈吹袭之中。恶劣的空间天气会对人类产生广泛的、多方面的影响，如卫星失效、通信中断、导航失灵、电站输送网络崩溃等，而由此导致的社会秩序混乱，则使得灾害的后果更难以预期。

1984 年，时任美国总统里根访华途中，飞行在大洋上的“空军一号”，突然和地面失去联系。1994 年 1 月，加拿大一颗价值 2.9 亿美元，设计寿命为 12 年的同步通信卫星，只用了 3 年就失效了。而对其另一颗姐妹星的救援，为时 6 个月，耗资 5000～7000 千万美元，由此导致的对人类活动的影响无法估计。2003 年除夕，我国“风云一号”B 星发生故障，长期救援无效，导致这颗价值连城的卫星最终报废。2003 年 10 月，英国和美国多个航班被迫改变航线，瑞典电网中断一小时，伊拉克战场英美联军通信受到影响，“神州五号”留轨舱高度急剧下降。

因此，加强空间天气研究、监测、预报和服务刻不容缓。美国、澳大利亚、日本、加拿大、印度、法国、俄罗斯等国，先后建立了空间天气预报中心。从 20 世纪 90 年代起，中国就积极参与空间天气研究、探测和预报。2002 年 6 月，国家空间天气监测预警中心正式成立。我们相信，随着政府对空间天气业务支持力度的加大，社会对空间天气灾害关注程度的增加，以及空间天气观测和预报技术的进步，我们防御和减缓空间天气灾害的能力将会不断提高。

让我们还给北极熊一个家

吉林省气象局　杨雪梅

由于全球气候变暖，北极冰圈融化，北极熊即将无家可归。当然，这只是全球变暖带来的最直观的灾难之一。极端天气气候事件譬如洪水、干旱、高温热浪、台风等更强、更频繁，冰河消退、物种消失及疾病肆虐，都是我们正在经历着的。

那么，面对近数百年来持续变暖的地球，我们每一个普通人又能做点儿什么呢？

说起来，我们能做的还真不少呢！

衣、食、住、行，如果我们愿意，可以在生活的方方面面做到低碳环保。例如，选择棉、麻等天然材质且素色的衣物；洗涤衣物时选用无磷洗衣粉，不过量使用洗涤用品；不因追求面子而选择超大面积的房子；尽可能多走路，乘坐公共交通出行；用淋浴代替盆浴，等等。

今天，我们重点来说说“食”。古语云“民以食为天”，一日三餐对我们来说是多么的重要。中国人也历来重视“吃”，有一个笑话说，中国文化其实就是“吃文化”：谋生叫“糊口”，工作叫“饭碗”，女性漂亮叫“秀色可餐”，没人理会叫“吃闭门羹”，理解深刻叫“吃透精神”，广泛流传叫“脍炙人口”，负担太重叫“吃不消”，犹豫不决叫“吃不准”，负不起责任叫“吃不了兜着走”……可见中国“吃文化”的源远流长。可是大家知道吗？现在，“吃什么、怎么吃”已经成了影响全球变暖的重要因素！

2014 年 12 月 2 日，英国皇家国际事务研究所公布的调查结果显示:畜牧业在全球温室气体排放总量中的比例已经超过了全球所有汽车、卡车、飞机、火车和船舶的总排放量,也超过了世界最大经济体美国的排放总量。另有数据表明:生产 1 千克牛肉,相当于一辆汽车行驶 250 千米的碳排量,足够一个 100 瓦的灯泡点亮 20 天。消耗两万升的水,才能够生产出一磅(约 0.4536 千克)牛肉,这相当于一个人半年不洗澡节约下来的水。因此我们说:一个开吉普车的素食者,比一个骑自行车的肉食者更加环保。

令人欣喜的是,这次调查结果表明:相比参与调查的发达国家,中国受访者更能接受气候变化的概念,更能理解气候变化的原因,在食物选择上也更能考虑到气候变化因素,更愿意改变其消费方式。具体到畜牧业在全球变暖过程中的作用,中国受访者的认知差距也比其他受访国小。可是,由于庞大的人口基数,中国仍是全球最大的肉类消费国,随着中国人变得越来越富裕,未来中国的肉类消费只怕也会有增无减。

为了给子孙后代留下生活的空间,让我们尽量减少肉制品及牛奶制品的消费,至少"周一请吃素"可好?另外,减少外出就餐,尽量简单烹饪,实行"光盘行动",也都可以让我们为节能减排尽一份力,还给北极熊一个家!

四川暴雨与地质灾害

四川省气象局　郭　洁

四川地处我国西南，以龙门山、大凉山为界，西部是川西高原山地，东部是四川盆地及盆周山地。特殊的地形地貌导致四川天气复杂多变，暴雨、旱涝、风雹、大雾和雷电等灾害常有发生，其中，发生频率最高、危害最重的就是暴雨。暴雨主要发生在每年的5—9月，以7—8月尤为频繁，其中有三分之二发生在夜间，并主要出现在盆周山地。那么这是为什么呢？

我们再次观察地形就会发现，四川盆地四周群山环抱，海拔由3000多米急剧下降至500米左右，悬殊的海拔高差，再配合喇叭口、迎风坡等小地形，使得暖湿气流在此被抬升而凝结，形成暴雨。四川盆地三大暴雨高发区分别位于青衣江、龙门山和大巴山地区，平均一两年，就有一次致灾的特大暴雨发生。而细心的您可能还会发现，龙门山和青衣江暴雨区分别与2008年“5·12”汶川地震、2013年“4·20”雅安地震重灾区相互重叠。强震的影响使其本来就脆弱的地质环境更趋恶劣。有地质专家预测，震后的5～10年，将是地质灾害发生的高峰时期。在暴雨袭击下，河水陡涨，山洪暴发，滑坡、泥石流便会倾泻而下。

2010年8月13日，突发性强降雨导致德阳市清平乡文家沟山体崩塌，十余条山沟同时暴发山洪、泥石流，使地震灾后重建的新村落再次满目疮痍。2012年8月17日夜间，成都彭州市暴发特大暴雨，景色秀丽的龙门山银厂沟内多个景点出现滑坡、泥石流，近万名游客滞留景区。2013 年 7 月 10 日上午，都江堰发生持续性特大暴雨，导致特大型高位山体滑坡，11 户“农家乐”瞬间被掩埋，造成巨大人员伤亡。当您看到这些触目惊心的画面时，您还觉得地质灾害离我们远吗？

既然暴雨是诱发地质灾害的最大凶手，那暴雨预警的重要性就不言而喻了。在地质灾害联防预警机制中，暴雨预警信号就像是“消息树”和“发令枪”，预警信号一旦发出，国土、水利、民政等部门就会迅速联动起来，启动预案。同时，从省市到县、乡、村组，四级层层落实，确保第一时间将预警信息传到最基层，组织群众防范避险。正是基于这种联防预警机制，在 2010 年“8·13”清平特大山洪、泥石流灾害中才避免了重大的人员伤亡。

朋友们，暴雨和地质灾害有可能就在我们身边，必须保持高度警惕。年复一年与自然灾害的不懈抗争让我们警醒：必须变“被动救灾”为“主动防灾”。防灾减灾不再是口号，而是实实在在的行动！要学习气象科普知识、树立防灾减灾意识、增强自救互救能力，居安思危、防患未然。这正是：气象科普意义大，平安幸福你我他！

一个雨滴的旅程

陕西省气象局　武雁南

嗨，大家好！我是一个小雨滴，你们想知道我从哪里来吗？

我的妈妈是尘埃，爸爸是水蒸气。妈妈特别有魅力，吸引了爸爸把她紧紧拥抱，然后就有了我。许许多多和我一样的小伙伴在一起就成了天空中的云朵。

一开始，我还很小，但是，天空中好冷啊，我就和小伙伴们紧紧地抱在一起，越变越大，成了一个小胖墩儿，最后我太重了，空气托不住我，我就掉了下来。

现在，我在愉快的旅途中，正奔向地面呐！咦？今天小雨滴好像来得特别多啊。哎呀，我们又闯祸啦，怪不得气象局的叔叔阿姨总是在研究我们每次有多少小伙伴一起掉落下来呢。

他们把从天空中下落的液态和固态水都叫降水，像雪、雨夹雪、冰雹等都是我的亲戚。而降水量是说我和亲戚们落在水平面的深度。那么你们知道通常所说的大雨、小雨等是怎么划分的吗？你们看，如果在一天内，在不渗透的平面上，降水所形成的水层高度小于10 毫米的时候，他们叫它什么？对，是小雨。如果降水所形成的水层高度大于或等于 10 毫米，小于 25 毫米，他们叫它什么？对，是中雨。而大雨是指一天内降水所形成的水层高度大于或等于 25 毫米，小于 50 毫米的雨。如果天气预报说有暴雨，那就尽量不要出门了，因为很有可能发生危险！

像是今天，气象局的叔叔说，我和我的小伙伴们来得太多啦，一天内降雨量达到了56毫米，是什么雨呢？对，这就是暴雨啦！你们看，在地势低的地方，水都淹到膝盖啦。幸亏气象局的叔叔神通广大，提前发布了暴雨预警，提醒大家要做好防范；市政公司的叔叔也及时出动啦！

嗯，我得赶紧离开这儿，回到江河湖海去，等太阳公公出来了，我就变成像爸爸一样的水蒸气，轻飘飘地被带到天上，去拥抱一个尘埃姑娘，孕育一个新的雨滴宝宝，看着它也变成一个小胖墩儿，再掉落下来，哈哈。噢，对了，下次我们要落在需要雨的地方，给大地解渴。

好啦，今天就到这里吧，大家回去以后要把我的故事告诉给更多的朋友哟，这次旅程就是这样，再见！

强对流天气

天津市气象局 张 莉

您现在看到的是一场强对流天气，它发生突然、反应剧烈、破坏力极强，是具有强大杀伤力的灾害性天气之一！而短时强降水、大风、雷电、冰雹，都是强对流天气的表现形式。

要解开“强对流天气是如何产生的”这一谜团，其实并不困难。在日常生活中，我们都知道，水和油作为密度不相同的两种液体，是无法融合的。在一个装有油的容器中倒入适量的水，即使一开始油处于容器的底部，但由于油的密度较小，它会挣脱水的束缚，产生强烈的上升运动，最终浮于水面。而强对流天气，就是在地球这个大容器中，空气之间强烈的垂直运动。在夏季的午后，地面因不断吸收太阳发出的短波辐射而温度上升，为了释放其吸收的热量，地面会释放出不同于太阳的长波辐射，这就相当于地面成为了另一个热源体，而它加热的对象是离它最近的空气，也就是近地面的空气。当近地面的空气从地表接收到了足够的热量之后，这部分受热膨胀的空气，密度就会减小，于是，这一部分空气就相当于变为了地球这个大容器中位于底部的油。而与刚才讲到的实验中达成水油平衡的过程不同的是，受热膨胀的空气在浮力的作用下上升后，会形成一股上升的湿热空气流，它在上升到一定高度的时候，由于气温下降，空气中包含的水蒸气就会凝结成水滴。而当水滴下降时，又会被更强烈的上升气流推动，反复之前的路线，这样一来，小水滴逐渐积累成为大水滴，直至高空气流再也托不住逐渐变大的水滴，最后下降成雨，这之后，地球这个大容器中以冷暖空气构成的“水油”才能达到平衡。而这个下雨的过程就是我们常说的强对流天气。

虽然强对流天气发生突然，但是随着短时天气预报的日益准确、精细化，强对流天气神秘的面纱也逐渐被掀开，人们对强对流天气的态度也经历了从惊慌失措，到严阵以待，再到坦然面对，甚至是自在调侃的转变。而随着现代化预报技术的进一步加强，强对流终将只被定义为一种天气，而不再是一种灾害。

追云捕雨显神威

福建省龙岩市气象局　朱新池

大家好！欢迎来到全国气象科普教育基地——龙岩市气象台。

走进龙岩市气象台，大家都会被这样一台设备所吸引。相信大家一定非常好奇，这台看似导弹发射的装置，到底是用来做什么的呢？其实，它是一台用来人工影响天气的移动式火箭发射装置。

对许多人而言，“人工影响天气”这个名词并不陌生。它是指为避免或者减轻气象灾害，合理利用气候资源，在适当条件下通过科技手段对局部大气的物理、化学过程进行人工影响，实现增雨、防雹等目的的活动。通常，人工影响天气的设备有飞机、高射炮以及移动式火箭发射装置，在我们福建，主要是使用移动式火箭发射装置。该装置通过发射火箭弹，向云中撒播碘化银等催化剂，改变云的微结构，使云、雾、降水等天气现象发生改变，从而实现人工影响天气的效果。

在我国有个说法，叫“靠天吃饭”，如果你以为现在还是这样，那就太肤浅了。

“现在已不再是‘靠天吃饭’的时代了。有了气象部门人工防雹，我们不但‘有雹先知’，在冰雹来临时也不再束手无策，心里自然是多了一份踏实。”这是福建龙岩一位烟农朋友所说的话。

龙岩市是全国优质的烤烟基地，全市近 6 万户烟农种植烤烟 20

多万亩[①]，年产值近 8 亿元。每年 3—6 月是烤烟生长的关键期和采摘期，而此时正处春夏之交，是福建省冰雹的多发季节。这个时期，龙岩市的山地地形极易发生强烈的雷雨冰雹天气。对一个中国农民来说，减少自然灾害，保住一年的收成，比什么都实在。

为此，龙岩市气象局已经开展了十多年的人工防雹工作，据统计，平均每年挽回经济损失三千多万元。龙岩市开展人工影响天气最早是利用追击炮、高射炮等携带催化剂入云播撒，但由于受山地地形、人员及交通等状况的影响，效果并不明显。2002 年，龙岩市气象局首次添置了两套移动式火箭发射装置，从此掀开了龙岩市人工增雨和人工防雹作业的新局面。移动式火箭作业车灵活、迅速、方便，非常适合在山区开展人工防雹和增雨作业。并且，我们采取固定炮点，蹲守结合，移动式火箭作业车拦截、追击的战术，在雷达回波上一旦发现“可疑”现象，立即采取移动式火箭作业车展开追击，可以说是在全市布下了“天罗地网”。在那一场场来势汹汹的冰雹、雷雨天气过程中，移动式火箭发射装置充分展示了它“追云捕雨”的神威，人工防雹减灾工作频频告捷。龙岩市成功的人工防雹工作也积极带动了周边地区人工防雹工作的开展。

加强人工影响天气工作，不仅是农业抗旱和防雹减灾的需要，而且是水资源安全保障、生态建设和保护等方面的需要，同时对建设资源节约型、环境友好型社会，实现人与自然和谐发展，促进社会经济的可持续发展等，都具有十分重要的意义。

① 1 亩≈666.67 平方米，后文同。

龙舟水

广东省东莞市气象局　汪博炜

龙舟水，顾名思义，一般指端午节前后的降雨，气象部门通常以5月21日至6月20日的降水记录为龙舟水。粗略计算，可用5月下旬至6月中上旬的降雨量来代表龙舟水的大小。

每年五月初五端午佳节，赛龙舟是老百姓不可缺少的一项重要活动，锣鼓喧天，呐喊连连，好不热闹。不过，在广东，想要赢得龙舟比赛可是相当不易，不仅要赢过其他对手，更要赢过那瓢泼的大雨。古诗云“孩童不晓龙舟雨，笑指仙庭倒浴盆”，便形象地描绘了龙舟水的滂沱之势。

龙舟水与季风密切相关，因此，我们首先来了解一下季风。季风是在大陆和海洋之间大范围的、风向随季节有规律改变的风。每年的1月，中国大陆处于高压，而海面处于低压，于是风从高压向低压吹送，形成了寒冷干燥的东北季风；而到了每年的7月，情况刚好相反，大陆处于低压而海洋处于高压，于是形成了西南季风。

端午节前后是华南天气变化最复杂的时期。一方面，南海夏季风一般于5月中旬暴发，随后推进影响到华南并产生季风对流降水。另一方面，北方冷空气对华南“依依不舍”，冷暖空气交汇造成锋面降水。这样，在季风降水和锋面降水的共同影响下，就形成了龙舟水。

龙舟水几乎年年都有，根据历史气象资料统计，广东省龙舟水期间平均降雨量为317.6毫米，约占全年总降雨量的18%。在东莞，龙舟水期间的平均降雨量是285.6毫米，占全年总降雨量的15%。

龙舟虽然好玩，龙舟水却并不好玩。龙舟水持续时间长，总降雨量大，非常容易带来灾害和损失。要防御龙舟水带来的灾害，首先，我们需要注意观察天气征兆，时刻关注最新的天气预报。其次，在下雨时或者雨停后，不要靠近山坡、土墙、低洼地带，以防遭遇山体塌方、泥石流等。第三，强降雨可能导致道路积水、城市积涝，影响市民的正常出行，因此要关注交通情况。最后，龙舟水的过程中，往往伴有雷电、大风，城市居民要注意清理阳台、窗户上的物品，防止高空坠物的发生；简易工棚、危房要注意加固防风。

以上就是龙舟水的一些基本情况，希望通过我的讲解，能让大家对龙舟水有所了解，谢谢！

天上的宝藏

重庆市气象局　叶　钊

今年(2015 年)的 4 月 1 日对我和孩子来说，是非常难忘的一天，因为这天我们有幸亲眼目睹了“阳光动力 2 号”太阳能飞机飞抵重庆。这架长相酷似大蜻蜓的飞机，是世界上第一架能够进行昼夜不间断飞行的太阳能飞机，它正在进行第一次环球之旅，并经停中国重庆和南京。这是人类航空史上的一次创举，也让我们看到了太阳能作为清洁能源的无限可能。

大家都知道，太阳能、风能属于气候资源，气候资源是自然环境的重要组成部分，它是一种取之不尽又不可替代的资源。

很早以前，人类就知道利用太阳能、风能这些气候资源，比如风力水车灌溉、风车磨坊等。最具代表性的莫过于古代的航海业，利用风推动帆使船只行进的帆船不仅推动了世界经济和文化的交流发展，见证了海上丝绸之路的兴衰，还成就了 15 世纪哥伦布的“地理大发现”。同样，勤劳智慧的人民对太阳能的利用有目共睹：制盐、晾晒等都是利用太阳能最普遍的例子。

如今，现代科技文明的发展为我们的生活带来了翻天覆地的变化，人们开发利用气候资源的脚步从未停歇。从居家生活使用的太阳能热水器、太阳能电动车、太阳能风能路灯，到大型的风能、太阳能发电厂，太阳能、风能作为一种无污染、可再生的清洁能源有着巨大的发展潜力。

我国是一个气候资源大国，气候资源开发利用的前景十分广阔。近年来,我国在开发利用气候资源方面取得了显著的成效。截至2013年年底,中国风力发电装机容量位居世界第一,太阳能光伏发电装机容量位居世界第二。2004年以来,重庆市的气象科技工作者模拟了重庆市精细化风能资源分布,规划了30多个风电场。目前,武隆县四眼坪、石柱县玉龙等风电场已建成并网发电,产生了良好的经济和环境效益。

如今,气候资源被更多地应用于农业、交通、建筑、医疗、旅游等各行各业,它就像天空赠予人类的巨大宝藏,不断创造着惊喜。

重庆市的气象工作者还制作了很多本市精细化农业气候区划图,为我们因地制宜地栽种粮食和经济作物提供了建议和帮助。例如《三峡库区精细化龙眼、荔枝气候生态区划》,建议利用三峡水库水体效应和全球变暖的趋势在库区周边建设特晚熟龙眼、荔枝基地。目前,我市龙眼、荔枝栽培面积近200平方千米,经济效益显著。

气候资源是人类生存和文明发展的基础条件,让我们妙用气候资源,借力于自然,用科技的力量推动时代的进步,让人与自然能够和谐发展!

农业气象服务为特色果业发展保驾护航

甘肃省天水市气象局　刘晓强

天水市位于甘肃省东南部，地域横跨黄河和长江两大水系，属暖温带半湿润半干旱气候区。这里因四季分明、光照充足、雨水适中、冬无严寒、夏无酷暑、昼夜温差大而成为全国优质果品主产地之一。目前，全市果品种植面积已近400万亩，果业已成为天水市的主要支柱产业。与美国蛇果、日本富士齐名的花牛苹果就出产于这里，已成为地理标志性农产品，市场主打品牌“潘苹果”“党代表苹果”畅销各地。

气象为农服务是天水气象服务的一贯主题。多年来，天水市气象局紧紧围绕现代农业和支柱产业发展，做了大量工作。

今天要给大家介绍的就是建立在麦积区南山万亩优质花牛苹果基地核心地带的现代农业气象服务示范基地。

大家知道，苹果的全生育过程都在露天，尽管天水市适宜苹果生产，但花期、幼果期的晚霜冻，果实生长期的干旱、高温、冰雹、连阴雨等天气都会给苹果的产量、品质造成直接影响。例如，2013年4月4—6日出现的一次霜冻，就给我市果农造成了十多亿元的损失。

为满足果品生产对气象服务的迫切需求，我们建立了现代农业气象服务示范基地，其气象监测设施主要有：第一，果林环境自动监测系统，用于监测田内不同深度的土壤温度、湿度，果树冠层不同高度的空气温度、湿度，叶面和树体温度，光合辐射，降水量，风向，风速等;第二,多要素自动气象站,主要监测田外的空气温度、湿度、气压、降水量、风向、风速等;第三,10 米以下不同高度层的空气温度梯度观测设备。路旁还装有电子显示屏,自动显示实时监测数据,供果农及时查阅。同时,还设立了果品产量品质监测区、适用技术试验区、发育动态实影监测区。

气象科技人员利用这些监测数据,通过综合分析研判,制作出农用天气预报、灾害性天气预警信息和其他农业服务产品,及时通过电子显示屏、手机短信、电子邮件、微信等向果农提供“直通式”服务,指导农民开展生产。同时利用这些数据开展农业气象科学研究。

基地还建有人工防霜、增雨、防雹作业点,在遇到霜冻、干旱、强对流天气时,及时组织开展作业,争取最大限度地减轻灾害损失。

另外,我们还配合市内有关部门、装备制造企业联合研发了果园防霜机。这一思路其实是受到了当地古老谚语“雪打高山霜打凹”的启示,也就是雪灾往往在地势高的地方较重,而霜灾往往发生在地势低凹、空气流动小的地方。防霜机防霜的原理就是利用风机搅动,促进果园内空气流动和山地逆温层热量下传,防止或减轻霜冻危害。目前,防霜机已在全市推广,并向其他省、市推介。

美丽天水,气象为现代农业服务大有可为! 欢迎大家光临。

北极海冰变化

国家卫星气象中心　武胜利

北极地区最多有多少海冰？我们来看一组数字：北半球海冰面积最大值为1500万平方千米，大于整个欧洲总面积。

这组数字是如何得到的？是通过卫星遥感方式得到的。

每一颗太阳同步轨道卫星每天可以分别飞越北极14～15次，相比地球其他区域，极区观测的密度更高。

利用卫星遥感手段，我们每天都可以获取全球极区海冰覆盖的状况。自1978年至今，人们获取了30多年的全球极区海冰覆盖度数据集。到目前为止，大部分关于全球极区海冰变化与气候变化之间关系的研究都是基于这个数据集开展的。

这个数据集告诉我们什么？

第一：全球变暖。

首先看一下北极海冰最大覆盖面积的变化。北极海冰最大覆盖通常出现在3月，1978年以来，北极海冰的最大覆盖面积从1500万平方千米逐步缩减到目前的1300万平方千米左右，缩小了大约200万平方千米，相当于5个日本的面积。不过，这还不够惊人。

接下来，我们看一下北极海冰最小覆盖面积的变化。北极海冰最小覆盖通常出现在9月，从30年前的600万～700万平方千米，缩减到最近几年的不到300万平方千米，缩减面积超过50%！

为什么北极海冰最小覆盖面积的缩减趋势如此明显？实际上这是一个反馈的过程。在北极海冰最小覆盖面积出现的时期前后，即7、8、9月,北极地区处于极昼,海冰覆盖面积的缩小导致冰面反射的太阳光更少了,更多的太阳辐射能量被海水吸收,温度升高后导致更多的海冰融化。

第二:北极航道有希望通航了!

北极航道分为两条,分别是途径俄罗斯北部沿岸的东北航道,以及途径加拿大北部沿岸的西北航道。与传统航道相比,北极航道的通航将大大缩短航程。以上海到美国东海岸以及上海到西欧为例,北极航道将缩短航程10天左右。

相比而言,东北航道更加有利于通航。其原因在于俄罗斯北部沿岸的海岸线较为平直,海冰融化较快,而加拿大北部多海湾岛屿,浮冰融化较慢。以2014年为例,我们可以用“风云三号”卫星数据的监测结果对东北航道和西北航道的通航情况进行评价。从这张图可以看出:2014年9月,红色区域的东北航道具备了通航条件,而蓝色区域的西北航道尚不具备通航条件。

除此之外,北极海冰的变化还会导致海洋盐度、海平面、生态系统等发生一系列变化,对人类社会产生各种影响。

希望我们共同关注北极,关注北极海冰的变化,谢谢!

日光温室的守护神
——大棚主要气象灾害预报防御技术

辽宁省沈阳中心气象台　孙虹雨

北方的冬季，外面冰天雪地、草木凋零，日光温室里却春意盎然、花香果甜。日光温室中的植物不受季节限制，带给人们“反季节”的惊喜。现在，以日光温室为主的设施农业已成为辽宁现代农业的重要特征。设施农业是指在环境相对可控条件下，采用工程技术手段，进行植物高效生产的一种现代农业方式，它主要分为暖棚、冷棚等。

温室植物美丽却娇弱，因为棚内外气候条件不同，大风、暴雪、寒潮、低温、高温、暴雨、冰雹、寡照等都是设施农业的主要气象灾害，易造成作物大幅减产减收。如何防灾减灾，保证棚户的最大收益，成为气象工作者的重要课题。

喀左县气象局历时15年，研究出日光温室小气候与外界观测场大气候的定量关系，采用多种数学方法建立暖棚和冷棚最低气温、最高气温、平均气温、相对湿度、日照时数、二氧化碳浓度、太阳辐射量等预报模式；完善了棚内作物生育期气象指标和大风掀棚、暴雪垮棚等预警指标，填补了国内空白。例如风灾对设施农业的危害程度，首要因素是风速的大小，风速越大造成的损害也越大；其次决定于环境条件和受体的承受能力，当风速达到每秒16.5米时，可刮坏棚膜，风速达每秒25.1米时，可刮坏大棚棉被。喀左县气象局确立的大风掀棚指标，使保险理赔标准由原来的8级大风降为7级。

而暴雪灾害主要是压坏棚架，严重的可致棚室坍塌。当24小时降雪量达到15毫米以上时，如不及时清除棚上积雪，将损失巨大。作为全国首家日光温室精细化农用天气预报的发布单位，应用日光温室灾害性天气预报和农用天气预报平台，通过气象预警接收机、电子显示屏、手机短信、电台、电视台、互联网等渠道逐日发布，实现了预报信息进村入户，使温室生产逐步实现"看天管理"，达到了高产、优质、安全。喀左县也被农业部列为辽宁省唯一的一家"国家蔬菜出口安全生产示范区"。

棚内开花棚外香，该项技术自2010年以来在辽宁、内蒙古赤峰、河北承德等地推广400余万亩，平均每亩增产75千克、增收220元，取得经济效益9.4亿元。棚户们称赞道："预报预警进大棚，增收减灾富菜农。"广大农民对我们工作如此期待、信任和认可，这就是气象工作者最大的满足和前进动力。

港口气象服务

浙江省宁波市气象服务中心　林蔚然

宁波具有丰富的港口资源，宁波-舟山港是当今世界货物吞吐量第一大港，地处我国南北沿海航线和长江黄金水道的交汇点，具有极佳的区位优势，是全国拥有大型和特大型深水泊位最多的港口。为了更好地提升港口所产生的经济效益，精细化、专业化的气象信息服务十分重要。

为港口提供所需的气象信息，总结起来就是港口气象服务。什么是港口气象呢？港口气象最主要的是以下三方面：能见度、风浪情况和强对流天气。今天，我主要从能见度这一方面来详细讲述宁波市气象局是如何为港口服务的。

影响港口能见度的最主要因素就是海雾。根据成因的不同，一般把雾分成平流雾、混合雾、辐射雾以及地形雾 4 种。宁波港港口的雾 90%以上都是平流雾。

这种平流雾又叫平流冷却雾。当暖空气被吹到冷海面上时，暖空气中的水汽受冷发生凝结而形成了雾。这种平流冷却雾浓度大、范围广、持续时间较长，对港口船舶的停靠岸有较为显著的影响。

以 2015 年 3 月 16—18 日的海雾为例，图中圆圈所标示出来的，都是因为海雾影响视线，看不清航道，以及被航道管制而滞留在海面上的船只。我们来试想一下，平时在上班路上最怕遇到堵车，尤其是天气不好的时候。面对不远处的目的地、面前无止境的红灯长龙，以及紧迫的时间，而我们却只能坐在车里“干等”，这种滋味可能比热锅上的蚂蚁还难受。

在港口，由于天气原因，使装有几千、几万吨货物的船只在此滞留，将造成非常大的损失，同时还会给港口相关部门造成连带的经济损失。由此可见，港口气象对于港口经济是多么的重要。

在这次海雾事件中，宁波海事局通过我们所提供的港口气象的相关资料，在满足开航的短暂间隙抓紧时间疏通港口，利用短暂的6小时，疏通了70多艘船舶。截至3月19日上午10点，共疏导船舶636艘，其中包含超大型油轮5艘，大型矿船8艘，集装箱班轮42艘，将损失降到了最低。

为了能够更好地服务港口，宁波市气象局成立了宁波市港口气象服务中心。作为宁波气象八大中心建设的一个分支，它建立了一个针对港口气象的服务平台，而其中针对海雾的预报，更是具体问题具体分析，针对不同用户的需求，提供不同着重点的精细化服务。

未来，除了传统的能见度观测及常规预报，我们会根据用户的需求增加观测点；引入范围广、精度高的卫星反演海雾产品；还有摄像头以及测雾雷达等作为辅助观测手段，以便我们更好地开展港口气象服务。

防灾减灾　你我同行

安徽省合肥市气象局　沙　娴

安徽虽地处我国中部，但近年来强对流天气活动频繁，甚至一度猖獗。这位不速之客的每次到访，都给我省人民生命财产安全带来极大的危害。

2009 年 6 月 14 日，安徽省泗县遭受狂风暴雨的袭击，树倒屋塌，现场十分惨烈。

2010 年 7 月 7 日，安徽省砀山县遭受龙卷风的袭击，龙卷风吹折了果树，卷走了果农们一年的收入。

2014 年 7 月 27 日，安徽省合肥市突降暴雨，多处下穿桥积水，导致交通瘫痪。

2015 年 4 月 4 日，狂风暴雨夹着冰雹突袭了安徽省的池州市，给当地农业生产造成了极大损失！

看到这些触目惊心的灾害，我想大家的心情和我一样无法平静，那狂风暴雨、雷电交加的景象仿佛就在眼前，那冰雹好像就打在我们心上，令我们隐隐作痛。

为了增强全社会的防灾减灾意识，减少因强对流天气造成的损失，下面我们就一起走近它、感知它、了解它。

相信许多人都有过这样的经历：夏天晴朗的午后，突然狂风大作，乌云伴着“隆隆”的雷声迅速占领了大片天空，倾盆大雨随之而来，这就是典型的强对流天气。

那么它究竟是如何形成的呢？白天地面不断吸收太阳发出的

热量使得温度上升，然后把热量传递给大气。当近地面的空气从大地的表面吸收到足够的热量时，就会膨胀，密度减小。这时大气处于不稳定的状态，就像水缸里的油和水一样，当密度较小的油处于水缸底部，而水处于上部时，油便会产生强烈的上升运动，最终会浮到水面上。同样的道理，如果冷空气以适当的方式侵入带有大量水汽和热量的暖湿气团时，就会形成垂直的空气运动，使空气中积蓄的水汽和能量短时间内得到释放，就形成了雷雨、大风、冰雹、龙卷风、局部强降雨等强对流天气现象。

其实，强对流天气形成的另一个重要原因就是全球气候变暖，所以我们一定要携手保护环境、节约能源，让我们赖以生存的地球自由呼吸。

我们了解强对流天气，就是为了能更好地防御它，将其造成的危害降到最低。首先，我们应当及时关注气象部门发出的强对流天气预警信息，避免在强对流天气易发时段出行。当强对流天气来临时，不要在空旷的室外停留，也不要站在树下避雨，应尽快进入有避雷设施的建筑物中躲避；如果在家中，要将门窗关闭，拉下电闸，不要使用手机。

防灾减灾关系我们每一个人，希望我今天的讲解能够对提高大家的防灾减灾意识起到些许的帮助。

雾是怎样“炼”成的

福建省厦门市气象局　张　伟

今天我跟大家一起分享的内容是:雾是怎样“炼”成的?

首先,我想问大家一个问题:提到雾,您最先能想到哪个历史人物?我想很多人都会想到《三国演义》中的诸葛亮,他掐指一算,就预测到3天以后江面上会有大雾,进而草船借箭,其预报雾的能力让我们现在的预报员也感到汗颜。

2015年2月16日,厦门发生了一次大雾,摄影师们用相机记录下了雾中的美景,只见江面大雾弥漫,仿若仙境,美不胜收。但是同时我们也看到,因为这场大雾,厦航的航班大面积延误,鼓浪屿停航了半天,多条高速关闭……大雾,在制造美景的同时,也给人们的生活带来了极大的不便。雾是天使,也是魔鬼。

那么问题就来了,雾到底是什么呢?它又是怎么形成的?雾来了以后,我们又该怎么办呢?

雾是由悬浮于近地面空气中的大量微小水滴或冰晶组成,使水平能见度降到1千米以下的天气现象。简单地说,雾其实就是空气中的水蒸气变成了液态小水滴或者冰晶,朦胧了我们的视线。

要想把空气中气态的水蒸气变成液态的水滴或者冰晶,最主要的方式是降温冷却。这就好比我们将冰棍放在碗里面,碗的外层很快就会因为降温形成一层水滴。

降温的方式很多,第一种就是通过夜间的辐射降温。我们都知道,温度是具有明显的日变化的,通常夜间的温度更低。但是在有云的夜晚,温度通常不会下降很明显;相反,如果是晴天,由于晴空辐射的作用，温度就会降得更加明显，也就更有利于雾的形成，我们把这种由于辐射降温形成的雾称为辐射雾。这种雾，当太阳出来以后，温度升高，很快就会消散，所以有谚语说“十雾九晴”。

降温的第二种方式是暖湿的空气跑到冷的地方去。当海上的暖湿气流平流到干冷的大陆上去的时候，也很容易形成雾，我们把这种由于平流作用形成的雾称为平流雾。这种雾在厦门这种沿海城市非常常见。

如果我们做一下对比，辐射雾就像是一个文静的女孩儿，安静、内向；平流雾则更像是一个活泼好动的男孩儿，流动性更明显。

再者，液态的水滴要想形成雾，还必须在近地面维持，这就对近地面的风有要求，通常风向是偏南风，因为它可以提供充足的水汽，风速最好是微风，因为风太大会把雾吹跑，所以在有雾的早晨，我们通常感觉微风拂面。

那么，雾来了以后，我们应该怎么办呢？雾对人的健康有没有什么影响？

首先，我们需要减少户外锻炼，因为在大雾的时候，通常空气质量并不是特别好。这是因为，雾的形成需要空气中有一些凝结核供水汽依附，这些凝结核通常由空气中的一些污染物，比如细颗粒物等充当。

其次，要制定好自己的出行计划，注意交通安全，如果大雾已经影响到您的出行，那么您可以随时关注气象局发布的大雾预警，必要时可以致电当地气象局询问大雾的具体情况。

说到预警信号，气象局将大雾的预警信号分为三个等级，分别以黄色、橙色与红色表示，对应的最低能见度分别是500米、200米及50米。民航部门规定，当能见度高于300米，云底高于65米时，飞机才能起飞；轮渡方面也有相关规定，以鹭江道航道为例，当能见度不足350米的时候，就可能会停航。所以，当气象局发布大雾橙色预警的时候，如果您有乘坐飞机或者轮船的计划，可能就需要暂缓一下了；而当气象局发布大雾红色预警的时候，您就不能驾车进入高速公路行驶了。

最后，我们提醒大家，关注气象预报，关注大雾预警，不要让雾耽误了您的出行。

台风:是风,是雨,还是浪

福建省气象台　邵颖斌

台风究竟是什么呢?它是一种疯狂旋转的庞大的天气系统,是热带气旋家族中的一种。而热带气旋的科学定义是:一种具有有组织的对流和确定的气旋性地面环流的非锋面性的天气尺度系统。发生在全球范围的热带气旋在不同的海域被赋予了不同的称谓:在东太平洋和大西洋上发展的热带气旋叫作飓风(hurricane);发生在印度洋区域的热带气旋叫作气旋风暴(cyclonic storm);南半球居民通常简单地称呼那儿的热带气旋为气旋(cyclone);而只有生成于西北太平洋一带的热带气旋才被称作台风(typhoon)。在我国,按照其强度将热带气旋自弱到强依次分为热带低压、热带风暴、强热带风暴、台风、强台风和超强台风6个档位。全国大约有80%的地区可能会直接或间接地遭受台风影响,受台风影响的月份通常可以从5月一直持续到12月。台风影响范围广、时间跨度长、影响程度强,而其时而诡谲的变化又常常给关于它的预测带来困难。

那么,这样一个强大而任性的天气系统是怎样生成的呢?经过科学家们多年观察和统计之后,可以明显地分辨出绝大多数这类系统都发生在8°N—20°N的这个纬度带内,其中尤以西北太平洋靠近我国的这个区域发生最为频繁。一个台风的生成至少需要3个条件:首先,要求海洋表面宽广且海温至少要高于26℃;其次,要求有大气扰动的配合给予其开始旋转起来的初始动力条件;最后,大气必须在垂直空间上比较稳定使其储蓄的能量不容易耗散。而恰恰是 8°N—20°N 这个范围区域最容易满足上述的 3 个生成条件，所以一个又一个台风就年复一年地在此发展出来啦。其中，生成于西北太平洋上的台风有将近一半都会影响我国！

巨大的台风携带着巨大的能量。现给出两组数字予以印证：平均一个台风一天降水所释放出来的潜在热能就相当于全球发电总量的 200 倍；且一个成熟台风所蕴藏的风能亦可以相当于全球发电总量的 50%——多么惊人的数字啊！哪怕这些能量仅被释放出来几成，也很可能会给其影响范围内的城镇和居民造成巨大的影响。

尽管台风也会给久旱之地带来甘霖，然而其可能会带来的灾害更令人关注。比如狂风、暴雨，在沿海地带卷起的风暴潮（俗称“巨浪”），因为台风影响而造成的其他次生灾害（如泥石流、山体滑坡、高楼倒塌、城市内涝、疾病流行等），有时候在台风后部因为焚风效应而出现的持续的高温天气，等等。台风靠近时，我们会依据实况发布蓝色、黄色、橙色或者红色不同等级的台风预警信号。公众可以通过大众传媒和新媒体来接收这些预警信息。我们福建省气象台还会根据台风对当地的影响等级发布和更新《台风警报单》，最高密度做到每隔 1 小时就跟进发布一次最新的台风定位和预报情况。公众可以通过“福建气象”的官网和微博、微信平台，以及媒体宣传获知消息。除此之外，福建省自主研发了一款名为“知天气”的手机应用程序，用户下载到自己的手机上就可以随时随地了解最新的台风情况了。

那么，台风究竟是风，是雨，还是浪呢？至此，相信在座各位心中一定都有了答案。

城市的气象记忆
——上海外滩信号塔的故事

上海市气象局　田青云

大家好！现在我们来到的是上海徐家汇观象台第五展厅，展厅的主题是：上海外滩信号塔——城市安全运行的标志。

1872 年 12 月 1 日，徐家汇观象台正式成立。除本部外，位于外滩的信号塔也是观象台的重要组成部分，该信号塔是中国最早发挥气象信息发布功能的设施。

1879 年，徐家汇观象台首次做出台风预报，深受海上风暴之苦的洋行轮船公司如找到救星一般，此后频频前来咨询。从此，天气服务和这座城市的经济生活融合在了一起。

1881 年，徐家汇观象台设立航海服务部，1882 年正式向报馆发送中国沿海天气预报，由此翻开了其气象服务的篇章。

1883 年，徐家汇观象台致函法租界公董局，建议在上海外滩设置信号台，报告天气信息，校订时刻。

1884 年，在公董局的支持下，信号塔在外滩建成，建成之初为一根 15 米高的信号木制旗杆和一块告示牌，旗杆四周用绳索固定各式信号旗杆，由此开始了发布天气信息以及校订时刻的服务。

1906 年 7 月 5 日，暴风雨袭击上海，信号塔木杆在暴风雨中折断，子午球坠落。公董局决定重新建造一座高 36 米，具有西班牙建筑风格的金属结构塔，并在塔上安装一根 12 米高的信号旗杆。1908 年 6 月，新的圆柱形外滩信号塔建成，开始悬挂信号旗。此后，信号塔又陆续进行了小型扩建和整修，现在这座信号塔依然矗立在外滩，以纪念它曾经的作用和价值。

上海外滩信号塔的服务包括：授时；发布天气预报；发布台风预警，台风到达上海最近点前 12 小时，进行大炮报警，同时让未抛锚的船停下，已起航的船做好预防措施。

1906—1911 年，信号图有了很大的改进；1911 年，信号塔发布更新了电码信号图；到 1920 年，信号图基本完善。

1930 年 5 月，在香港召开的远东气象台台长会议上，成员一致认为徐家汇观象台的气象电码简明、便捷，决定将其推向世界。会后，远东各个地方的暴风警报信号得到了统一。

一百多年前，上海外滩信号塔开启了我国及远东地区气象预报预警，它是现在气象预警信号的前身，也是城市安全运行的标志。台风、航运、信号塔、预警预报——自然的力量在惩罚着人类的同时，也挖掘着人类无限的潜能。目前，全球已经有二十多个国家和地区设立了“多灾种早期预警中心”，上海也是该项目的示范城市之一。说到这里，大家不妨思考一下，自己对目前正在使用的气象预警信号了解吗？气象预警信号已经成为预防各种气象灾害的“发令枪”“动员令”，提醒大家提早应对、有效防范，最大限度避免气象灾害的影响。

通过今天的讲解，我们一起了解了上海外滩信号塔的悠久历史，以及它对预警预报信息发布方面举足轻重的作用。展望明天，希望大家更加关注气象，关注气象在城市安全运行及百姓日常生活中的重要作用。

立足三峡库区,强化暴雨山洪地质灾害气象科普教育

重庆市云阳县气象局　李宏伟

云阳县地处三峡库区腹心地带,年平均降雨量 1100 多毫米,夏季高温多雨,暴雨频发。境内山高坡陡、沟壑众多,极易造成地质灾害。2014 年的云阳县“9·1”特大暴雨洪灾,最大日降雨量达到 405 毫米,属百年不遇,其北部十多个乡镇的水、电、路、通信中断,发生地质灾害或存在隐患的地点 504 处,其中涉及 300 人以上的特大型滑坡点 8 处。此次暴雨地质灾害共造成 28 人死亡,4 人下落不明,直接经济损失高达 28.5 亿元。

对此,云阳县气象局立足三峡库区频发的暴雨山洪地质灾害特点,强化气象科普教育和防灾减灾知识宣传。

第一,建设“山洪地灾气象监测预警与防范”主题科普展项。

云阳县气象局在重庆三峡气象科普文化教育基地建设了以“山洪地灾气象监测预警与防范”为主要内容的气象科普馆,其中“山洪地灾气象监测预警与防范”展项是科普馆的“镇馆之魂”。该展项在一张落地的三峡库区大型地形实物图上,显示了三峡库区主要大江大河、气象监测主站、雷达监测站、云阳县境内的山洪监测自动气象站、人工影响天气作业炮站、大型滑坡隐患点等信息。正面背景墙上循环播放着 2011 年 9 月 15 日的天气监测要素和云阳县气象局开展山洪地灾气象监测预警的视频短片,整个展品采用“声光电”展现形成,给参观者以震撼和警示,深受参观者好评。“山洪及地质灾害的形成与防范"宣传展板，从地质灾害的形成及防范措施、气象部门开展的非工程措施等方面，对山洪地质灾害进行了详尽的介绍，向参观者（特别是青少年学生）普及了许多地质灾害防御知识，提升了他们的防灾减灾能力。

第二，建设反映暴雨灾害的其他景观展品。

"云阳气象赋"石刻描写了暴雨的凶险，"四季景观柱"石雕反映了夏季雨热同步的特点，"灾害预警柱"石雕提醒人们高度重视灾害预警，"科学治水，人水和谐"石雕群则强调了工程治理、减轻灾害的必要性。这些景观展品中包含了大量的气象元素，体现了汛期（夏季）的气候特点，暴雨的危害和气象预警，给人们以广泛的科普教育。

第三，强化暴雨山洪地灾科普知识宣传培训。

一是以县委党校为平台，开展了领导干部气象防灾减灾知识培训；二是以社区为支撑，建设了气象防灾减灾示范社区，并不定期开展气象防灾减灾知识讲座；三是以学校为切入点，建设了校园科普气象站，开展科普讲座，努力提高广大师生气象灾害防御水平。

气象灾害防御，特别是三峡库区暴雨山洪地质灾害防御，事关人民生命安全，事关当地经济社会稳定发展。我们云阳气象人将以气象防灾减灾为己任，继续加强暴雨山洪地灾气象监测预警和气象科普宣传教育，发挥云阳科普基地的积极作用，为减轻暴雨山洪地质灾害而不懈努力。

中国南通气象博物馆

中国南通气象博物馆　刘　佳

中国南通气象博物馆是一座具有江海文化特色的气象博物馆。参观本馆可以领略中国悠久的气象文化，感受丰富的气象科学知识，了解近代南通气象事业的成就。

今天，由我带大家一起走进中国南通气象博物馆。

首先要介绍的是唐尧陶寺古观象台遗址。

2000 年，在山西尧都遗址考古的发掘中，人们发现了迄今所知世界上最古老的观象台。它由 13 根夯土柱建成，通过土柱狭缝观测日出方位来确定节气、安排农耕：从第二根夯土柱缝隙观测到日出时为冬至；从第七根夯土柱缝隙观测到日出时为春分、秋分；从第十二根夯土柱缝隙观测到日出时为夏至。古观象台距今已有四千多年的历史，比英国巨石阵观象台早五百多年。

接下来，给大家介绍羽葆测风器、相风乌测风器。

这些是古代原始的测风器，起先是用布帛之类挂在竿上来测风向，后来改用鸡毛做成的羽葆，古人称“五两、八两”。楚地风小，宜用“五两”，北方和沿海风力较大，宜用“八两”。羽葆被风吹平，代表风力很大，羽葆直立，说明风力很小。

到汉代，人们发明了相风乌，用乌身的转动来测风向。

下面介绍一下南通博物苑测候室。

南通是我国近代气象事业的发祥地。早在 1906 年，著名的教育家、实业家张謇先生就自费建立了南通博物苑测候室，安装了测风、测雨的仪器；中馆东侧建有寒暑亭。南通博物苑测候室从1906年9月起正式观测记载天气情况，这是国人自办的第一个测候机构。

最后，让我们一起来了解一下南通军山气象台。

本着“气象不明、不足以完全自治”的理念，继南通博物苑测候室建成使用之后，张謇先生又在军山山顶选址，历时23个月建成了军山气象台，这是国人自办的第一家正规的气象台。1917年1月1日，南通军山气象台正式投入使用，比国立中央研究院气象研究所还早11年。

军山气象台使用的仪器除了风向风速自记计、自记雨量计、福尔墩气压表及勒母勒聚氏天气预报计等当时国际上较为先进的设备外，还有电话和无线电台，每天利用收信机接收东亚47站地面观测资料，绘制天气图，制作24小时预报，在《通海新报》上登载。南通成为继上海之后，全国第二家有能力制作并发布天气预报的城市。

军山气象台编制的气象月报、季报、年报及各种附有英文的报表资料，不仅在国内交流，还与国际上40多个国家和地区的一百多个气象台站交流，并被列入英国出版的《国际气象台名册》。

在我国气象发展史上，军山气象台具有举足轻重的历史地位，著名气象学家蒋丙然先生曾称军山气象台为“中国私家气象台之鼻祖”。1982年，南通市人民政府将其旧址列为市重点文物保护单位。1997年，中国国家气象局认定军山气象台确为国人自建的第一座气象台。

欢迎大家来中国南通气象博物馆参观。谢谢！

梅雨

浙江省宁波市鄞州区气象局　曹　佳

大家好！我今天要跟大家介绍的是“梅雨”这个时而任性肆意、时而娇羞温婉的“江南女子”。

有人说，江淮一带的梅雨和春天的“杏花春雨”有几分相像，都是一副欲断难断、缠缠绵绵的“暧昧”模样。“梅雨”得其名，是因为这时刚好是江淮梅子黄熟之时。贺铸在《青玉案》里的解释恰如其分：“一川烟草，满城风絮，梅子黄时雨。”那么，梅雨究竟是什么呢？

梅雨是东亚大气环流在春夏之交季节转换生成的产物，它是一个在地球上沿纬度成带状分布的雨区，绵延几千千米，从我国东部，经东海、黄海直到日本。每年的6月中下旬，北方的冷空气与南方的暖空气在江淮和长江中下游地区汇合。当携带着大量水汽的暖空气遇上冷空气时，就容易成云致雨，从而形成一条雨带，也称为梅雨带。这段时间冷暖空气势力旗鼓相当，所以这个梅雨带一般停滞少动，造成连续多日的阴雨天气。进入梅雨季节后，降雨自有其独特的形式，有时比较温和，绵绵细雨时断时续、没完没了；而有时降雨颇为激烈，暴雨一场接着一场，期间还会夹杂着雷阵雨等强对流天气。气象部门根据雨量的多少，把梅雨分为“丰梅”和“枯梅”。

宁波常年“入梅”的时间是6月13日，“出梅”是在7月9日。全市平均梅雨量249.5毫米，约占整个夏季降水量的46％。

梅雨季的重要性以及贡献也是显而易见的。梅雨季期间，丰沛的雨水使当地的土地湿润透彻，大大小小的湖河沟坝蓄满了水，以抵御出梅以后晴热高温时期的少雨甚至干旱。如果遇到枯梅，抗旱形势就会相当严峻，人们要采取各种措施降低干旱造成的损失。

有时，梅雨也会给长江流域造成洪涝灾害，暴雨一场接着一场，排水抗洪的形势尤为严峻。

2014 年的梅雨就是比较典型的丰梅，宁波在 2014 年梅雨期间共遭遇了 5 次大雨和暴雨。由于雨势强、雨量大、影响范围广，宁波市气象台也多次发布了暴雨预警信号，期间共发布了 1 次暴雨蓝色预警，3 次暴雨黄色和 1 次暴雨橙色预警信号。持续较大的降水，给城市的排涝增加了难度，城市中许多低洼地段出现的积水，给市民的出行及正常生活都带去了不便。

针对暴雨等灾害性天气，我市在 2014 年 12 月 1 日正式实施了《宁波市应对极端天气停课安排和误工处理实施意见》。今后，宁波市发布台风、暴雨、暴雪、道路结冰和大气重污染等 5 类灾害性天气红色预警时，学校将适时停课。这也是浙江省内首个有关气象红色预警停工、停课的规范性文件。

政策出台的时候，孩子们欢呼了，对于他们来说，停课意味着自在。但是，我们气象部门在应对梅雨季的时候可没有那么自在，我们将会及时通过电视、广播、报纸、网络、短信、电话等不同的形式，将最新的天气信息传达到千家万户，保障市民的正常生活。

另外，梅雨的“梅”有时被人们用发霉的“霉”来代替，因为在梅雨天里，各种物品特别容易发生霉变，这种滋味是生活在干旱地区的人们无法想象的。梅雨季节湿度大、气温高、闷热潮湿，这犹如“桑拿”般的天气条件倒是给细菌们提供了良好的生存环境，所以要注意房间的通风透气，及时利用晴天曝晒家中的衣被，还要适时地“晾晒”身处梅雨季中人们的心情。

看云识天气

广西壮族自治区气象局　陈　阳

“唱歌来咧，风云变幻真精彩，白云跟着太阳走，乌云牵出风雨来……”

大家好，欢迎来到广西省气象局。我刚才唱了一首气象山歌，说的就是云和天气的关系。

的确，云就像是天气的招牌：天上挂什么云，就将出现什么样的天气。现在，就让我带大家来看看这云里的奥妙。

经验告诉我们：天空的薄云，往往是天气晴朗的象征；那些低而厚密的云，常常是阴雨的预兆。

有一种云叫作卷云，它有时看起来像白色的羽毛。卷云大都在四五千米的高空，那里水分少，一般不会带来降雨。

如果卷云慢慢聚集，变厚降低，就会渐渐形成白色的卷层云，天气也将转阴。这时候，当我们隔着云看太阳，就好像是太阳前面隔了一层毛玻璃。出现这种云，往往在几个小时内会下雨，您晒的被子可要尽快收回来。

最后，云变得更黑，压得更低，有一种“黑云压城”的感觉，这种云叫作雨层云。这时，连绵不断的雨水也就降临了。

夏天的午后，我们常会看到一种花椰菜形状的浓积云。浓积云如果迅速地向上突起，形成高大的“云山”，就转变成积雨云。随着对流发展，云山越长越高，底部会变黑。不一会儿，整座云山崩塌，伴随着电闪雷鸣，马上就会下起暴雨，有时甚至还会带来冰雹或龙卷风。

云，能够帮助我们识别阴晴风雨，预知天气变化。但正所谓“风云变幻，气象万千”，天气变化非常复杂，看云识天气有一定的局限。所以，要想准确掌握天气变化，还得依靠高科技的天气预报技术。

好，今天看云识天气的知识我们就先讲到这儿，如果您有什么感兴趣的话题，或者有什么问题，还可以通过广西壮族自治区气象局的官方微博、微信或电子邮件和我们互动。谢谢！

高温

河南省开封市气象局　朱　斌

大家好！我是开封市气象局的一名地面气象观测员。我的日常工作就是与各种天气现象“打交道”，其中高温天气就是我的一个强力对手：因为它，马路上煎鸡蛋，车门把手烫伤手指等奇闻怪事可能又要上演了。

在气象学上，高温分为干热型和闷热型，主要以湿度划分，湿度小的为干热型；湿度大、温度高，使人们感觉闷热，像身处蒸笼中，这种高温被称为闷热型高温，就是我们常说的“桑拿天”。高温的产生与人类活动密不可分，随着经济发展，温室气体排放增多，加剧了气温的上升。未来，温室气体持续排放将导致气候继续变暖，极端高温和暴雨天气事件将趋多，干旱程度加剧，威胁全球粮食、水资源和能源安全，并可能引发饥荒、气候移民和社会动荡。

面对近年来高温天气的频繁出现，高温灾害影响的日益严重，如何宣传、普及高温灾害，让广大群众了解、认识、防御高温灾害，同样是我这样一位兼职科普讲解员的重要使命。开封市有一个气象科普画廊，坐落在八朝古都开封的金明广场旁，长廊共有 16 块展板，展示了气象灾害预警信号、云图、雷电防护、人工增雨等各种气象科普内容。为方便广大市民更好地认识和了解气象，气象科普画廊常年对外开放，随时迎接过往行人的参观、学习。

气象部门针对高温灾害的预报、预警和防御，特别制定了高温预警信号。高温预警信号分三级，分别以黄色、橙色和红色表示。

发布高温黄色预警，预示着连续三日最高气温将在 35 ℃以上；高温橙色预警的发布，预示着未来 24 小时内最高气温将升至 37 ℃以上。那最高级别的高温红色预警在什么情况下发布呢？在未来 24 小时内最高气温将升至 40 ℃以上时发布。当高温红色预警发布时，就要求所有人都要提高警惕。它要求政府及相关部门按照职责落实防暑降温措施，人们尽量避免在高温时段进行户外活动，老人与孩子更要格外注意防范。

气象灾害并不可怕，让我们共同携起手来，积极宣传普及气象知识，主动应对气候变化，共同保护人类家园！

山西省观象台

山西省观象台　范秀萍

我们山西省观象台，2001年被团山西省委命名为"青少年活动基地"，2003年被中国气象局、中国气象学会命名为"全国气象科普教育基地"，2012年被山西省气象局、省气象学会授予"气象科普先进集体"荣誉称号。

今天，请大家和我一起探索高空气象观测的奥妙。

高空气象观测，顾名思义，就是要获取高空的气压、气温、湿度、风速、风向等气象资料。

看，我们的一对好搭档出场了——探空气球和探空仪。

在开始观测之前，这两位都要"体检"。我们的工作人员已经事先根据气球和探空仪的重量，以及保障气球达到约每分钟400米的升速，计算好了氢气的充灌量。充气过程中，要同时检查探空气球是否完好无损，当它下端一个叫作"平衡器"的东西被提起来时，气球就灌好了。

同样，探空仪也要进行体检。我们把它放到一个叫作"基测箱"的地方，如果它测得基测箱内的温度、湿度、气压和标准值的差值在误差范围内，那么就可以使用。

之后，我们把探空仪连同探空气球一起挂到室外的放球器上，当室内的工作人员一按桌上的"放球"按钮，室外的气球就腾空飞起。

就是这根不起眼的柱子，还有值班室的计算机设备，连同软件程序，统称为自动放球器，它有效保证了探空气球施放与计算机、雷达的同步计时，是我们山西省观象台在 2008 年获得的一项国家专利。

探空气球携带探空仪升空时，雷达这个“千里眼”也做好了全程跟踪的准备。它会向探空仪发出“询问信号”，探空仪就对应地返回“回答信号”。根据这一问一答的时间间隔和回答信号的来向，就可以测定探空气球在空间的位置，然后根据气球随风飘移的位移，就可以计算出高空的风向、风速。

同时，探空仪每隔 1.2 秒会发出“压、温、湿”无线电信号，被雷达接收后就可以测得高空的气压、气温、湿度了。

人们在电脑屏幕上就可以很直观地看到从地面到 3 万多米高空的各种气象资料了。这些珍贵的气象资料为我们的天气预报、航空、交通发挥着不可小觑的作用。

最终，随着探空气球的上升，气压不断减小，气球体积会持续膨胀，最后会破裂，探空仪也会随着气流方向降落下来。如果你与它偶遇，那是你们的缘分，好好珍惜这难得的相聚机会吧。

近些年来，我们的科研人员立足工作实际，开发出了探空雷达远程遥控系统、自动旋向施放桶项目等，力争使高空气象探测更趋于完美和自动化。

天眼——风云气象卫星

新疆维吾尔自治区乌鲁木齐气象卫星地面站　梅　桢

大家好！这是一张我的自拍，我相信大家也有这种照片。当我一个人自拍的时候，只需要保证我的脸在镜头里就好了。然而当许多朋友在一起时，我必须拼命伸长胳膊，来保证所有人都被拍到。这个时候，我是多么想要一个“自拍神器”呀。当然，我不是在为自拍神器打广告，我只是想说，当想看到更大范围的画面时，我们需要更高、更远的镜头。那么，能想象到的最高、最远的镜头，除了它——卫星，你还能想到别的吗？卫星离地高，可以大范围观测到许多日常不易观测的地方。

1957 年，苏联发射第一颗人造卫星。1960 年，美国发射了世界上第一颗气象试验卫星。1969 年，敬爱的周恩来总理提出“搞我们自己的气象卫星”。1988 年，我国研发的“风云一号”极轨卫星顺利升空。大家会注意到一个词——极轨。什么是极轨卫星呢？气象卫星分为“极轨”和“静止”两种。极轨卫星是指绕地球南北两极飞行的卫星，它可以看到地球上任何一个地方，每天对同一地区观测两次。而静止卫星是指跟随地球自转飞行的卫星，相对地球是静止的，它可以长时间监测特定的区域，但观测到的区域较小。无论是哪一种卫星，它的观测分辨率一般都在几十米到几十千米，地面上的人是照不出来的。所以，当卫星飞过你头顶的时候，别指望自己能出镜了。

目前为止，我国“风云”系列气象卫星已发射了 4 颗“风云一号”

极轨卫星,7颗“风云二号”静止卫星和3颗“风云三号”极轨卫星(“风云四号”静止卫星已在2016年年底发射)。

那么卫星是如何开始工作的呢?首先,卫星在发射基地待命,由“长征”系列运载火箭将其送上指定高度。卫星进入轨道后开始工作,由卫星测控中心对其进行测量和轨道控制。卫星下发的数据由地面应用系统接收和处理。卫星下发的数据主要能看到各种地面状况,如积雪、植被、火灾等。还能用来监测灾害性天气,如大雾、高温、台风。

卫星有这么多功能,可终究也是要退休的。它结束服役有4种方式:一是把它送去墓地轨道;二是在大气层火葬;三是把它接回地面;四是导弹炸毁,“风云一号”C星便是这样处理的。这第四种技术目前只有美国和中国才有。

现在,风云卫星在我国已经取得了明显的应用效益。全世界70多个国家和地区都在接收风云卫星资料。不过,我国对卫星资料的应用还落后于欧美和日本等国家,还需要我们日后不断开发和探索!

3 分钟让你看懂天气预报

贵州省黔南州气象局　苟　杨

我相信大家每天都会看天气预报，但是，你真地看懂了吗？下面就由我来带你走进天气预报。

在天气预报中我们常常听到这样一句话，“今天夜间到明天白天，多云转晴，10～15 ℃”，这短短的一句话其实包含着大学问。

气象上把一天分为白天和夜间，白天指早上 8 点到晚上 8 点，夜间指晚上 8 点到第二天早上 8 点，刚刚我们听到的“今天夜间到明天白天”，实际上是指今天晚上 8 点到明天晚上 8 点。

俗话说“人有悲欢离合，月有阴晴圆缺”，咱们的天空也有阴晴，即所谓的天气状况。在没有降水时，我们将低云总云量在二成以下的天空状况称为晴天，二成至八成为多云，八成以上称为阴天。晴天和多云天气气温较高，而阴天则气温较低。

了解了阴天、晴天和多云天气的基本概念之后，我们来看一下“多云转晴”“多云间晴”“多云到晴”这一字之差的 3 种天气有何不同。“转”字强调转折，说明天气状况有所变化，多云转晴，表示云量慢慢变少，由多云转为晴天；“间”字有偶尔、间隙的意思，多云间晴，意思是晴的时间很短，大部分时间是多云天气；“到”字强调过程，多云到晴，说明天空状况始终在“多云”和“晴”之间。

10～15 ℃是对气温的预报，最低 10 ℃，最高 15 ℃。一般情况下，最高气温出现在下午 2 点到 3 点，最低气温出现在日出前后。有冷空气活动时，最高、最低气温出现的时间与冷空气的强度和侵袭的时间有关，这里就不展开介绍了。

最后，我们来看一下天气现象。天气现象有很多，包括雨、雪、雾、霜、霾、雷电、大风，等等。我们今天主要讲最常见的一种——雨。在网上有这样一组漫画，生动形象地说明了咱们的人体感观对不同降雨量级的感受：人在小雨中站立1分钟，头发会湿；在大雨中站立1分钟，内裤会湿；在暴雨中则随时准备洗澡。但是在气象上，我们对降雨量级的划分是用24小时总降水量来进行的，分别以10毫米、25毫米、50毫米、100毫米、250毫米来划分。注意，是"24小时总降水量"，所以，漫画中让人随时准备洗澡的"暴雨"，如果持续时间很短，24小时总降水量达不到50毫米，在气象上也不能称为暴雨；而那只能打湿外套的"中雨"，如果连续下很长时间，也有可能成为名副其实的暴雨。另外，由于我国幅员辽阔，降水分布不均，所以各地对降水量级的划分也有所不同，感兴趣的朋友可以下去了解一下。

好了，说了这么多，相信大家对天气预报也有了一定的认识，感谢大家的认真聆听，希望你们能更多地关注天气预报。最后，祝大家的生活每一天都是晴天，即使有困难，也能很快多云转晴。

只为花儿笑开颜——预警联动躲过“梨花劫”

山西省临汾市气象局　王文平

天亮了，太阳出来了，看着果农们脸上露出的笑容，看着沐浴在晨光中含苞待放的花骨朵，我们倍感欣慰。

隰县——中国金梨之乡，出口美国的“玉露香”梨就产自这里。

2015年4月11日下午，“玉露香”种植大户老杨的手机收到一条短信：“受强冷空气影响，今明两天气温骤降，最低气温将下降到－5℃左右……”此时，梨花正处于始花期，如不及时采取有效措施，造成的损失将会不可估量。

一时间，县、乡各级领导，气象信息员，果农，纷纷通过电子屏、大喇叭、微博、微信收到了这条预警信息。防冻害应急协调会紧急召开，全县进入气象灾害应急响应状态：会议部署、实地查看、物资发放、数据监测、喷洒防冻剂、浇灌、熏烟……全县上下度过了一个抗霜冻的不眠之夜。正是由于气象部门科普宣传到位、预报准确、预警及时，才使隰县顺利躲过了这次“梨花劫”，避免经济损失达4000多万元，这几乎相当于隰县财政收入的一半。

接下来，我们了解一下什么是霜冻。

霜冻指在短时间内气温下降到0℃或0℃以下，致使植物受到损害甚至死亡的一种农业气象灾害，多发生在春秋转换季节。

当气温下降到0℃时，农作物细胞之间的水分开始结冰，体积膨胀，细胞就会受到挤压，细胞内的水分外渗散失，农作物便会死去。

当48小时内地面最低温度将要下降到0 ℃以下时，气象部门会发布霜冻蓝色预警信号；当24小时内地面最低温度将要下降到−3 ℃以下时，发布霜冻黄色预警信号；当24小时内地面最低温度将要下降到−5 ℃以下时，发布霜冻橙色预警信号。

面对霜冻，预防是关键，受灾后即使采取补救措施，也很难挽回损失。霜冻来临前，可采取浇灌、喷洒、熏烟、遮挡等方法进行预防。

除霜冻外，我国常见的还有大风、冰雹、干旱、暴雨等多种气象灾害，对于靠天看收成的农民来说，只有科学掌握气象防灾减灾知识，才能有效应对各种气象灾害。

临汾市气象局早在2008年就被中国气象学会评选为“全国气象科普教育基地”，承担着气象观测、大气探测、天气预报预警、气象服务、人工影响天气、防雷减灾、气象科普宣传等职能。

近年来，我们不仅“请进来”，更注重“走出去”——走进校园、农村、厂矿等，把更多气象科普知识送到公众身边，同时与社会各界紧密联动，创新发展，形成了新的科普工作模式。

防灾减灾是我们气象部门的重要责任，“气象创新，科技惠农”——我们在路上。

树木年轮
——记录历史环境变化的“天书”

中国气象局乌鲁木齐沙漠气象研究所　李淑娟

气象事业的发展离不开数据资料的支持，可是现代气象观测资料的年代有限，想要获得更长时间尺度的气候变化信息，就需要代用资料。树木年轮（简称树轮）资料就是气候代用资料的一种，它具有空间分布广、时间序列长、定年准确等优点，成为应用最广泛的气候代用资料之一。

那么，树轮资料是什么样的呢？

锯开一棵树，截面上一圈圈深浅不一的纹路就是树轮，一个完整的树轮包括早材和晚材两部分，早材色浅，晚材色深。

树轮资料怎样获得呢？

主要通过野外采样，利用生长锥这种工具，选取有代表性的、树龄较长的树木钻取树芯，之后对样芯进行打磨、定年和测定轮宽等处理，通过一系列的统计、计算，建立树轮年表，就可以进行气候响应分析与重建了。

树轮资料有着广泛的应用领域。

比如，可以应用在气候与水文领域。鉴于树轮生长对温度和降水的敏感性，可以应用树轮资料对历史的干湿事件（年份）进行判断。也可以应用在考古学上。比如，根据橡木油画板上的年轮形式就可知作画的年代，利用古墓中树木年轮确定古墓的年代，还可确定古建筑的建筑年代、木制乐器的制作年代等。通过树轮资料也可以获取冰川进退的信息。在对突发事件的成因调查中,树轮记载着关键的环境信息,可以提供重要参考。比如1908年的俄罗斯“通古斯大爆炸”,此次事件对当年和次年的环境温度影响巨大,导致当年通古斯河周边树木的晚材无法成型,并且对接下来的几年也有明显影响。所以虽然缺乏当时的观测资料,但是树轮对这次事件进行了很好的记录。

此外,树轮在地貌、天文、火山、地震、环境污染、遥感、碳循环、森林管理等诸多领域都有应用,相信随着树轮研究工作的不断深入,在未来会有更广阔的发展空间!

电视天气预报是如何制作的

陕西省气象局 孙 浩

“阴晴冷暖，四季相知，欢迎收看陕西天气预报。预计今天白天全省大部分地区将会是晴间多云的天气，在榆林、延安等地将会是暖阳相伴，关中大部分地区是以晴到多云为主，午后的最高气温预计达到 26～28 ℃，而陕南大部分地区则会是多云相伴，在西部的部分地方将会出现弱的降水天气，提醒当地的朋友出门记得携带雨具……”

大家刚才所看到的就是我们陕西电视台天气预报节目的一个节选，而天气预报早已和我们的生活密不可分。特别是在晚间新闻之后，许多家庭共同关注的便是天气预报。不仅是在中国，在世界的其他国家，很多人开口搭讪的第一句话都是“今天天气不错……”可见，天气已经与我们的生活密不可分。

那么这些丰富的天气预报节目是如何制作出来的呢？简单地说，就是我们的节目工作人员通过专业的设备将气象台的预报结果以电视画面和声音的方式传递给大家。

首先，我们影视制作中心的编导们会根据气象台给出的预报结论归纳天气要点，把专业性较强的气象语言，转化成通俗易懂但又不失严谨的天气语言，让观众朋友们更容易接受；与此同时，还要根据预报情况提出涉及百姓居民生活所要遇到的方方面面信息，来不断地完善和充实节目，一般会涉及生活、交通、旅游、农业、医疗等方面，而服务的内容侧重点则取决于不同的频道定位。整篇稿件的长度取决于天气预报节目的时长，一般在 3 分钟左右，要求语言精练、概括力强。因此，“局地、部分地方、部分地区”等词语就成了天气预报节目的常用词汇。接下来，根据稿件内容用专业的绘图软件，制作“阴、晴、雨、雪”等天气预报图。例如：请根据预报，在陕北地区显示一个晴天；关中地区根据预报显示是晴到多云；陕南西部部分地区会有降水出现，是阵雨和小雨的量级。这样，电视天气预报背景图就大体成型了。

与此同时，制作人员会将摄像机等录制设备调试好，并给主持人调好机位，为录制节目做好前期的准备。而主持人在经过换服装、化妆等准备工作之后，就要开始熟悉稿件，并在 10～15 分钟内记下。一切准备就绪，节目就可以录制了。需要告诉大家的是，观众在电视上看到气象主持人可以轻松地指点地图播报，其实并没有真正的地图存在，有的只是一个蓝色的幕布。通过抠像技术，可以将地图画面与主持人“合二为一”，而主持人可以通过演播室里的电视机看到合成后的信号，不断地调整位置，这就需要主持人平时熟记地图和方位，更需要有精准的手感。节目录制完成后，就会通过光纤传到电视台进行审核，并最终出现在千家万户的电视荧屏上了。

气象科普解说词(2016年)

小博士带你游"湿"界

安徽省合肥市气象科普馆　杨　鹤

嗨,大家好,我是气象小博士。"湿"界那么大,小博士带你去看看。大家跟紧我哦。

湿度是表示大气干燥程度的物理量。在一定的温度下,湿度越小,空气里含有的水汽越少,空气越干燥;反之,水汽越多,空气越潮湿。湿度有3种基本形式:水汽压、相对湿度和露点温度。很多人可能更关心天晴下雨或者气温高低,而忽视了湿度。可是,身为主要气象要素之一,湿度难道只是个打酱油的么?别着急,小博士带你继续往下看。

每年初夏,江淮流域进入梅雨季节。除了阴雨连绵,出行不便之外,我们还会发现食物变质得很快,衣物也容易发霉。一个主要原因就是梅雨季节雨水多,湿度大。科学测定,当空气湿度大于65%时,病菌繁殖滋生最快,当我们误食了变质的食物时,很容易引起胃肠疾病。

这下大家明白了吧,湿度和我们的生活可是息息相关的哦。那么,湿度对我们还有哪些影响呢?

一般来说，相对湿度在40%到60%之间时，我们会感觉比较舒服。湿度过大时，人体中的松果腺体会加速分泌松果激素，使人体内甲状腺素和肾上腺素的相对浓度降低，细胞就会“偷懒”，我们就会变得食欲不振、无精打采。而且，长期在湿度较大的地方工作、生活，还容易患上湿痹症，腰酸背痛，严重影响我们的生活质量。湿度过小时，蒸发加快，干燥的空气容易夺走人体的水分，常常让我们感觉皮肤和鼻子干干的，很难受。所以秋冬季节干冷空气侵入时，很容易诱发呼吸系统病症，比如感冒，“啊啊啊啊……啾。”

在体育赛事中，天气条件对选手的发挥也有着很大的影响。专家们需要评估各种天气条件对运动员的影响，而湿度是最重要的一项。当空气湿度达到70%，31 ℃的气温会让人感觉像38 ℃。原来，在湿度大的环境里，汗水很难蒸发，运动员失去了一个降低身体温度的办法，想取得好成绩也变得更加困难。

那么，在面对不同的湿度情况时，我们应该怎么做呢？湿度大的时候，我们要多晒晒太阳、通通风或者适度的使用风扇、空调等设备。而湿度小的时候，可以选择使用加湿器、洒水等方式来增加湿度。

说到这里，相信大家对湿度都有了一个全新的认识。其实不只是湿度，各种气象因素都在时刻影响着我们的生活。所以，我们的口号是：关注气象，健康生活！时间有限，我们的旅程也要告一段落了，大家再见咯。

龙卷风与尘卷风的那些较量

中国气象局公共气象服务中心　周　颖

评委老师，各位同事，大家好，今天我带来的这个主题是：尘卷风与龙卷风的那些较量。

2016年4月3日，北京北海公园，“友谊的小船”说翻就翻。

4月21日，甘肃瓜州操场学生被突然卷至半空。

袭人事件频频发生，到底是龙卷风还是尘卷风，这是一场“天龙”与“地蛇”的较量。虽然2014年12月以后，国家新闻出版广电总局要求建国后动物不能成精，但我却是不得不用这个比喻，为什么？请往下看。

因为它们俩确实长得像，就如我们愿意把蛇叫做小龙一样，有时候确实不好分辨。看起来它们都是涡旋状强烈旋风，威力都比普通风大很多，只不过尘卷风是一个像竖着的水杯直接摇出来的涡旋；而龙卷是先要横着摇，然后再把它竖起来的结果。

再比如，它们都比较容易出现在空旷的平地，是非常难预测的、来去迅速、防不胜防的那一种类型。

这二位虽然有相似，但却真的不是一家人。

首先，从出生家庭上看，真的是天壤之别，龙卷风的母体是积雨云，诞生在天庭，天生就有优越感；而尘卷风出生于地面，需要的环境就是晴天、阳光、干燥以及剧烈的加热，所以一开始，尘卷风就输在了起跑线上。

而如果论外形的话，最明显的就应该是大小的对比了，如果说龙卷风是黄瓜的话，那尘卷风只能是牙签大小了。不过这个比喻是缩小版的。

实际上，真正的尘卷风身高在几十米左右，也就是10层左右楼房的高度，看起来要么是上下一般粗，要么是上面窄下面粗，干热的空气卷着尘土边走边溜达。而龙卷风则高大威猛，身高一般几百米，至少一个双子塔的高度，裹挟着上空的云，呈倒锥形地一路狂轰乱炸。它们一个像是顽皮的孩子，另一个却着实是发怒的龙王。

由于大小悬殊，两位的影响力也确实不是一个级别。强的龙卷风内部风速可以达到每小时500多千米，这比任何一个台风的风力都要强；比飞机起飞速度还要快，是飞机正常飞行速度的一半；摧毁一个小镇在转眼间即可完成。而一般尘卷风内部旋转的速度可能连它的最低级别都达不到。

所以这二位的威力和外貌基本上是成正比的。尘卷风个头小，威力也相对弱。假如不巧在户外遇到了尘卷风，其实躲避的概率还是非常大的，一般肉眼远远地都能看到，躲到车里或一般的建筑物里基本不会有什么问题。假如遇上龙卷风的话，那汽车和简单的建筑物是万万不能去的，正确的方法是找一个低洼的地方，类似水沟，趴在里面；最好是去地下室，比较安全。但如果身边这些都没有，那么在祈祷的同时，还可以判断一下龙卷风要去的方向。一般龙卷风没有尘卷风那么善变，它是个直性子，路径比较专一，所以去它的反方向或垂直方向，或许可以逃过一劫。

好在我们国家还不是龙卷风的最高发区域，最近24年(1991—2014年)我国平均每年出现43个，其中江苏和广东是最容易出现的地方。美国以一年1122个成为龙卷风王国，尤其五六月的美国中南部，一定谨慎前往。这段时间平均每天都会有七八个龙卷风出现在美国。

而尘卷风的分布就随性多了，各个国家都有发生，沙漠、城市春、夏季的午后，都有出没。所以假如我去北海划船，那我一定会选择上午去。

泰山雾凇及其观赏攻略

山东省泰山气象站　张海燕

雾凇，是冬季的泰山馈赠给我们的礼物，它使泰山万物骤然间凝聚成冰的世界，成片成林，气势磅礴，让我们仿佛进入了冰雕玉砌的国度。我们知道，雾凇以吉林最为著名，那么泰山为何也能频繁地出现雾凇呢?

雾凇一般在寒冷季节由过冷却雾滴在物体迎风面冻结或严寒时空气中水汽凝华而成。泰山矗立于齐鲁大地，海拔 1545 米，冬季气温常在 −15 ℃左右，当潮湿气流缓行过山，抬升冷却成雾，雾滴在运动中触及树枝、牌坊、岩石时冻结为冰粒或冰晶，便形成雾凇奇观。吉林雾凇的形成需要满足水汽充沛、风速小的气象条件，但泰山雾凇却不受风速的制约，甚至风越大，结成的雾凇反而更加紧实不易掉落，比北国雾凇更多了一份厚重。泰山雾凇似霜非霜，似冰非冰，迎风怒放，千姿百态，使岩石化作了璞玉，使枯枝化作了珊瑚，让灌木绽开了花朵，让建筑变身为水晶宫，在阳光映照下，晶莹闪烁，十分壮观，是泰山冬半年的壮丽景观之一。

雾凇虽美，但要想更好地欣赏，我们要注意做到以下几点：

首先要做好保暖措施。出现雾凇时一般气温较低，要穿着羽绒类保暖衣。特别注意要选择透气性好的衣物，因为在观赏过程中由于不停走动会大量出汗，如不能及时排出，导致汗气困在身体和衣服之间，就会令人感到更加潮湿、寒冷，另外要戴棉帽、口罩，既能保暖，也可防止树上掉落的雾凇对身体的伤害。

其次要注意防滑。因为泰山雾凇不仅会在树枝和物体上形成，也会在地面上形成，所以最好选择一双防滑的中筒雪地鞋，既可防滑，又可防止掉落的雾凇灌进鞋内。

第三要准备颜色适当的墨镜。因为雾凇对阳光的反射率高，墨镜可减缓白色强光对眼睛的刺激和伤害。

如果你是摄影爱好者，那么要带好适宜的滤镜，确保拍出的照片有更好的效果。一定要牢记多备几块电池，因为在室外低温环境中相机的耗电量会大大增加。

泰山雾凇最早出现在10月，最晚出现在次年5月，以12月至次年2月出现较多。一次雾凇一般持续2天左右，最多的可长达8天。

欢迎你到泰山来，让我们共赴一场纯净的雾凇之约！

百年前的台风研究与服务

上海市公共气象服务中心　尚　超

欢迎大家来到徐家汇观象台参观，与这栋上海市优秀历史文化建筑亲密接触，领略近代上海气象140多年发展的历史。

现在我们参观的展厅，主题是：潜心研究，百年学术积淀。

这是1879年7月31日的一张台风流场图，细心的你会发现：137年前的这幅铅笔手绘图像与现今的卫星云图惊人相似，让我们叹为观止。这张图的绘制者是徐家汇观象台的第一任台长能恩斯。他把对沿海城市的安全、港口发展有重大影响的台风做为研究对象。

能恩斯的学术造诣以今天眼光来看，也是卓越超凡的。他创纪录地首次绘制出清晰的台风眼、台风螺旋图像、台风垂直流场、台风过境前后气压漏斗状图形、台风路径等研究资料。这些资料是中国现存最早的典型台风分析案例，开创了远东台风研究的先河。

1879年7月31日这场台风肆虐过后，徐家汇观象台通过深入分析，向当时的中国海关、法租界公董局提出建立气象警报信号的可能性和必要性。这一提议在1881年9月20日得到上海西商总会通过之后，徐家汇观象台筹备设立航海服务部，进行航海气象服务。

1884年2月18日，观象台在远洋轮船上安装气象观测仪器，大大扩展了海上气象观测与信息收集范围，也为此后信号服务创造条件。

1890年，徐家汇观象台正式开始对公众发布台风警报，至此，观象台的职能从预报制作扩展至警报发布服务，成为中国和远东第一个对公众发布台风警报的观象台。

在能恩斯等人的开创性成果基础上，有“台风神父”之称的继承者劳积勋，则把观象台早期台风研究和预报服务带入了黄金时代。

1898 年，徐家汇观象台研发的气象信号系统，主要为船只提供天气变化和恶劣风暴警报，被中国海关接受并用于中国大部分港口。1930 年，经过改良后的信号电码在远东气象会议上得到了各国台长交口称赞，并于次年推广至除朝鲜外的东亚各海关所属港口。至 20 世纪 30 年代，徐家汇观象台提供的气象预报服务已覆盖环西北太平洋区域易受台风影响的地区，当时《纽约客》杂志形容为“有两个美国那么大”。

1879—1941 年，徐家汇观象台共编辑出版 41 期《台风年鉴》。劳积勋编绘的中国沿海“1893—1918 年 620 个台风的路径图”成为近现代台风研究珍贵史料和参考工具。劳积勋 1900 年出版的《远东的大气》一书，更是成为欧洲远东航行舰船的必备指南书籍。

这个展厅为我们展示了百年前的台风研究，当时的台风预报预警服务。相信大家也能感受到一代代气象学家坚守、创新、求真、务实的精神，感受到气象科学技术在历史发展中的重要作用和的伟大力量。

探空气球的自白

湖北省武汉市气象局　柯　研

我是气球，但不是普通的气球，我的大名叫探空气球。我的主要工作是去高空旅行，帮助人们了解天空的气象状况。有这样一群人，每天无论天气如何，总要把我充成直径约为1.5米的乳白色大胖子。他们就是高空气象站的观测员。早上6点半，他们就开始准备，小心翼翼地给我灌满氢气。随后他们用一根长约30米的细绳子系上一个重400克，可以测量周围温度、湿度和气压的探空仪器。早上7点15分，放飞我的那一刻，全世界和我同时起飞的小伙伴共有1000多个呢，仅在中国的大地上就有120个。晚上7点15分，大家都在享用晚餐的时候，他们又开始了新一轮的准备活动，忙得不亦乐乎。

我非常享受升空的过程。以7米每秒左右的速度穿梭对流层，我会遇到各种各样的天气。当我勇敢地超越大风、乌云，到达5500米高度以上时，高空气象站的观测员会抓紧时间把我传递给他们的数据发往气象信息中心。而我，要飞得更高。直至升到16千米高抵达平流层时，我就能够以每秒10米左右的速度更快地飞翔。一路上，探空仪兄弟每秒都会报告我的位置和周围的湿度、温度和气压。我获得的这些数据，最终用于天气预报。同时，通过世界气象组织的数据交换中心，与全世界分享我奇妙之旅的收获。

飞啊飞，上面的气压越来越小，我也越来越胖。当我的直径达到原先的4倍、体积变为原来的64倍时，我就快要"胖死了"，这时我也到达了距离地球表面接近 3 万多千米的高度，飞行了一个半小时左右，传输回去成千上万的数据，圆满完成了任务。这一路上，我看到巍巍大山，也看到大江大海，甚至在一定角度和视野下，能够清楚地看到地球美丽的侧脸，蔚蓝蔚蓝的，美哉壮哉！

最后，我破碎的皮囊和探测仪，在万有引力的作用下，再次回到大地母亲的怀抱，但我无毒无害，不会造成污染。而且探测仪轻巧，降落时速度不快，并不会伤人。有的国家还会给探测仪穿一件红色的降落伞，以确保安全。

人类应用探空气球的历史已经有 100 多年。也许有人会问，如今在太空有卫星、地上有雷达，为什么还需要我们这些古老的探空气球呢？比起他们，我确实已经是很古老了。但是因为我们成本低、观测精度高、施放不受地域和气候因素影响，又能亲身直接接触到大气，所以仍然是气象研究中不可缺少的工具，也是其他更先进的高空探测仪器的校验器。有位预报员说，如果没有高空气球探测资料，就象人缺少了一只眼睛，预报员做出的天气预报将是抽象的，准确率将大打折扣。由此可见，我们旅行的意义非同一般。我们可是天气预报功不可没的大功臣呢！

天机云锦——来自天空的诗篇

广东省中山市气象科普教育基地　陈柯伊

我们先来看《看云识天气》中的一段描述，“天上的云，真是姿态万千，变化无常。它们有的像羽毛，轻轻地飘在空中；有的像鱼鳞，一片片整整齐齐地排列着；有的像羊群，来来去去；有的像一床大棉被，严严实实地盖住了天空；还有的像峰峦、像河流、像雄狮、像奔马……它们有时把天空点缀得很美丽，有时又把天空笼罩得很阴森。刚才还是白云朵朵，阳光灿烂；刹那间却又是乌云密布、大雨倾盆。云就像是天气的‘招牌’：天上挂什么云，就将出现什么样的天气。”

随着现代科技的发展，云不再那么神秘莫测了，气象学家根据云的外形特征、结构特点和云底高度给云分门别类为3族，10属，29类。云主要分布在离地面500米到16千米的空气中，16千米的概念就相当于两个珠穆朗玛峰的高度。

简单来说，从形态上分，云主要有3种：积云、层云以及卷云。

积云有平平的底部，臃肿胖胖的，像棉花糖。

层云个头庞大，平铺天空，像一张毯子。

卷云以拉丁文的“卷发”得名，条纹状的外表看着像天空的卷发，也像鸟儿的羽毛。

各种云之间是可以互相演变的，一种云可能由别种云衍生扩展而成，也可以由别种云转变而成。例如，积雨云有可能由积云扩展而成。积云，在适当的条件下，会发展长大，随着它的长大，大量潮湿的暖空流被拉向中心，伴随的冷凝作用会释放出更多的热量，从而导致它越聚越高，发展成离地面600米到16千米的庞然大物——积雨云。“早上云城堡，大雨快来到”，积雨云是所有云中最凶猛可怕的，一旦出现积雨云，往往伴随着闪电雷鸣、倾盆大雨。这时大家就要密切留意当地气象局发布的最新预警信息。

小时候常想要伸手触摸天上的云，但高达16千米的云我们很难真正触摸到。假设我们有垂直行走的能力，按照每小时2千米的速度，我们匀速行走8个小时才能到达。不过这并不妨碍我们去了解云的形成。

云的形成，主要有两个基本条件：充足的水汽和空气冷却。在阳光作用下，江水、河水、海洋等水面，植物叶面的蒸发，产生大量的水汽。水汽从蒸发表面进入低层大气后，这里的温度高，所容纳的水汽较多，如果这些湿热的空气被抬升，温度就会逐渐降低，到了一定高度，空气中的水汽就会达到饱和。如果空气继续被抬升，就会有多余的水汽析出。如果那里的温度高于0 ℃，则多余的水汽就凝结成小水滴；如果温度低于0 ℃，则多余的水汽就凝华为小冰晶。当这些小水滴和小冰晶逐渐增多，并“相聚”在一起达到一定数量时，便形成通过肉眼可以看到的云。

说起来可能有点拗口，咱们不妨用个小实验生动地给大家演绎一下云的形成。首先找一个大瓶子，然后用电钻在瓶盖上钻一个与气嘴直径大小一样的洞，将气嘴儿插进瓶盖上的洞里，用玻璃胶粘住边缘防止漏气。在瓶内加一点酒精轻轻摇一摇，将瓶盖盖上往里打气，一旦瓶里达到一定的气压，就可以移除打气筒，最后打开瓶盖，神奇的“云”就出现了。

厄尔尼诺——任性的“圣婴”

福建省厦门市气象服务中心　田　晶

2016 年 4 月，南方的小伙伴们经历了 9 轮暴雨天气过程，几乎是泡在雨里过的。近年来北方持续晴暖，南方暴雨成灾，我们正在经历一次厄尔尼诺过程，但是很多人可能并不真正地了解它。厄尔尼诺是西班牙语中的“圣婴”，近来，这个“圣婴”又再度被推到了风口浪尖。

记得在 1998 年，我们国家长江流域遭遇了百年不遇的特大洪水，它的罪魁祸首正是厄尔尼诺。

而近期，世界各地出现的极端天气现象都与厄尔尼诺有关。2016 年 3 月初，阿联酋首都阿布扎比及其周边地区遭遇特大暴风雨袭击，沙漠之城秒变水乡。几乎同时，美国加州也遭遇暴风雨袭击，加州北部塔霍湖地区出现强降雪。在南美洲，阿根廷南部因暴雨导致的洪水将大量毒蛇冲上岸，一些旅游景点被迫关闭。

厄尔尼诺的影响其实并不仅限于此，如果我告诉你说，受到厄尔尼诺影响，您上咖啡厅喝杯咖啡会越来越贵，超市巧克力价格将飙升，同时，可能下一代 iPhone 价格也将上涨，黄金可能暴跌，听到这些，您是不是觉得，天哪，这是天方夜谭吗？表面上看起来毫无联系，没错，厄尔尼诺就是这么神奇。

那到底什么是厄尔尼诺现象呢？

它是太平洋中东部地区海温比常年同期偏高，并持续一段时间的现象，那为什么海洋海温的变化会对全球气候产生这么大的影响？地球表面70%都是海洋，单位面积100米深的海水温度上升0.1 ℃，其上的大气温度就将上升6 ℃，可以说，海洋一哆嗦，大气环流就要抖三抖，那么会导致什么后果呢？赤道原本的大气环流被逆转，很多地区出现和原来的气候特征相反的极端天气，比如，受印度、巴西和非洲西部极端天气的影响，糖和可可都会减产，导致巧克力涨价。还有，印度尼西亚的干旱可能影响印度尼西亚一条运输主干道——弗莱河，从而使铜等有色金属供给下降，价格上涨，影响电子产品的原材料制作。这就叫"牵一发而动全身"。

而在我国，厄尔尼诺可能会导致北旱南涝这样一种气候现象。

赤道环流的改变，使得影响我国的副热带高压持续偏西偏南，太平洋暖流持续地向我国南方输送，这样一来，南方就出现比往年多得多的降水。1998年长江流域的特大洪水原因之一正是如此。2016年厦门春季的多雨情形与1998年非常接近。夏季的干旱少雨，秋季的台风暴雨还会重现吗①？一切还要看在厄尔尼诺背景下，今年的副热带高压、南海季风等等这些天气因素会有什么样的表现。

至于厄尔尼诺为什么会出现，现在仍然是在研究当中，也许是因为海底火山爆发，也许是因为全球气候变暖。不管怎么样，面对自然，面对宇宙，我们需要探索的，真的还有很多很多。

---

① 实际已重现。

“出门神器”——分钟级降雨预报

广西壮族自治区气象台　秦亦睿

我相信很多朋友都有过这样的经历，当你正想要出门或者是回家的时候，看到天空乌云密布的样子，一场倾盆大雨是逃不脱了。这时候您是选择马上离开，还是原地等待呢？

那么接下来，我就来给大家介绍一款“出门神器”，让大家从容应对这说来就来的大雨。

2015 年 7 月，由中国气象局公共气象服务中心研发的分钟级降雨预报产品正式上线。这款神器的核心技术为“雷达外推技术”。

在现代科技中，气象雷达是监测强对流天气非常有效的手段。雷达回波的颜色从蓝色到紫色，依次表示强度越来越强。绿色回波区域内一般会有降雨出现；如果达到像西红柿炒鸡蛋这样的颜色，就表明云中的对流已经很强了，在它覆盖的区域，有可能出现短时强降雨、雷雨、大风甚至冰雹等强对流天气。

从雷达回波的多时次动态图，还可以实时监测到“番茄炒蛋”的移动方向和移动速度以及是否减弱消散，这样根据大致的外推，我们就可以判断强对流天气的动向了。

这个分钟级降雨预报在运用雷达外推技术之后，将计算结果通过网络大数据的入库推送，运用全球定位系统(GPS)技术将数据纳入电子地图服务当中，并且每隔 6 分钟就会更新一次预报，简洁明了地告诉您，雨量会有多大、多少分钟雨就会下到您所处的街道。

经常有朋友调侃说，“局部”地区的人民好可怜，成天下雨。其实啊，对于气象部门来说，制作精确的强对流天气预报难度很大。在局部出现的短时强降雨就像特种兵小分队，作战时间短、移动速度快，神出鬼没，难以琢磨。一般提前1天的预报，常常只能模糊地说“局部地区有暴雨”，真正下在哪个地方，几点几分开始下，很难交待清楚。

可有了这款神器，随时可以准确地预报降雨，很大程度地解决了“局部”的问题——妈妈再也不用担心我出门被雨淋了。

这么实用的产品大家想不想试一试呢？操作起来非常简单，首先要关注微信公众号“广西天气”，打开左下角的“缤纷天气”，最后点开“分钟级降雨预报”，稍等片刻，您就可以知道我们所处的位置未来2个小时的降雨情况了。

这就是今天给大家推荐的“出门神器”，不管明天是阳光相伴，还是雨水随行，我希望大家都能够关注天气、了解气象，因为我坚信，气象可以给您的生活出行带来有益的变化。

气象魔术之“云中行走”

广东省清远市气象局　许艾米

记得小学时学过一篇课文叫《看云识天气》，那时候的我梳着两个羊角辫，懵懵懂懂，虽然不太能理解书中的意思，但却养成了望望天、看看云的习惯。天空的云形态各异、变幻莫测，有时把天空点缀得很美丽，有时又把天空笼罩得很阴森。直到毕业后进入气象部门工作，看云已然成了职业习惯。云就像是天气的招牌，天上挂什么云，就将出现什么样的天气。

那么云到底是如何形成的呢？其实很简单，云的形成主要依靠水汽的凝结。大气中含有丰富的水汽，每天都会有很多水汽向高空飘去，这些水汽向上飘啊飘，越往上飘就越冷，冷到一定程度，有些水汽在空气中待不住了，就会像我们人类一样抱团取暖。因为空气中除了水汽之外，还飘浮着很多细小的颗粒和尘埃，都是我们用肉眼看不见的，那些待不住的水汽就会黏到它们身上，越黏越多，就形成了小水滴，无数水滴聚合在一起便形成了云。这就是气象的魔术。

气象学上把云划分为低、中、高3大云族，10大云属和29类，鉴于这其中的名称复杂繁多，您可能听得一个头两个大，所以我只给大家介绍3大云族里容易辨别的代表。低云族中出现较为频繁的有积云、积雨云和雨层云。积云看起来蓬松、洁白，像一团一团的棉花漂浮在空中。如果它是一朵一朵分开的，那么代表好天气；如果它继续发展，云体变得浓厚庞大，远看像耸立的高山，那么就形成了积雨云，通常会带来一场突如其来的狂风暴雨，有时甚至会产生冰雹、龙卷风。还有一位典型的雨天常客叫雨层云，云底高度较低、乌压压一片。雨层云往往导致降水持续时间长，但下的没有积雨云那么猛烈。中云族里常见的有高积云，它的个头较小，常呈扁圆形、瓦块状或鱼鳞片状，通常预示着好天气。高云家族中的代表非卷云莫属了，常以洁白丝缕状的形态出现，散乱地悬在高空，一般意味着天气晴好。

千百年来，我国劳动人民在生产实践中根据云的形状、颜色等变化总结了丰富的看云识天的经验，这些经验长久流传就成了气象谚语。比如阴雨天时，西北方向的云层裂开，露出一块蓝天，这个现象有个霸气的名字叫“天开锁”。这说明本地区已经处在阴雨天气系统的后部，随着阴雨系统的东移，本地区将会雨止云消，天气转好。所以就有了“西北开天锁，明朝大太阳”的说法。气象谚语还有诸如“天上鲤鱼斑，晒谷不用翻”“朝霞不出门，晚霞行千里“等，不胜枚举。如果您感兴趣的话，可以自行再去深入了解。

长期的观测和实践表明，云的产生和消散以及各类云之间的演变和转化，都是在一定的大气运动和水汽条件下进行的。人们看不见水汽，也看不见大气运动，但从云的生消演变中可以看到大气运动和水汽的一举一动，而大气运动和水汽对风、霜、雨、雪等天气现象起着极为重要的作用。因此，掌握一定的云天知识，学会看云识天，不仅能够给大家的出行提供参考，还能够让大家更加从容地应对天气的异常变化。

趣说雨雪的故事

浙江省德清县气象局　楼琰燕

县因溪而尚其清，溪亦因人而增其美。人有德行如水至清，故号“德清”。我来自浙江省德清县气象局，今天跟大家分享一些我在担任德清气象科普馆兼职讲解员时发生的一些有趣的事儿。

坐落在英溪河畔的德清气象科普馆，每周都会迎来不少的参观者，这其中有很大一部分是幼儿园和小学低年级的小朋友。在孩子们眼中，我们气象科普馆里的一切都那么神奇而又神秘。

但是，要给他们做好讲解，是一件特别不容易的事情。以前，我们讲解员都从专业角度来讲解、来解释，但是，实际效果，我想大家都懂的。真要那么讲的话，对于这么小的孩子来说，肯定云里雾里了。所以后来我们就针对这个特殊的受众群，采取了讲故事的形式，效果还真不错。

记得有一次，有一个幼儿园大班的孩子问我：“阿姨，最近怎么老下雨？”我就对她说：“给你说个有趣的故事吧，你有没有发现下雨的时候天空中的云特别多，那是很多小云朵从四面八方赶过来，你挤挤我，我顶顶你，瘦一点儿的被挤哭了，胖一点儿的呢？那是挤得满头大汗啊……于是天空就开始下雨啦！”小朋友们说：“啊，原来下雨就是天上的云朵打架呢！”

对于低年级的小朋友来说，他们对于气象方面的知识已经有了一定的了解。相对来说，他们问的问题，我在回答的时候就更得多花点儿心思了。比如说，很多小学生都会问小雨、中雨、大雨是怎么区分的？如果要从气象的专业角度来说，估计我还没有说完，他们就散了。所以我会建议他们在下雨的时候多多观察："如果有人在雨里待一会儿，如果头发打湿了，是小雨；如果他的衣服湿了，是中雨；如果全身都湿了，那就必须是大雨了！如果是暴雨，那就不看了，赶紧回家吧！"

对于孩子们来说，下雪是他们最乐意看到的。我会告诉他们："因为冬天气温太低了，小雨点儿就冻成了小雪花儿，伸出手接的话，手中的小雪花又会很快变成小雨点儿。小雪的话，在外面待一会儿，我们身上就会有一层薄薄的雪花外衣；如果是大雪的话，我们一会儿就会变成一个个雪人啦！"

这样的一种讲解方式，对于孩子们来说更容易理解也更容易接受，同时也可以激发他们对于气象科学的兴趣。对于我来说，作为一名基层的气象科普讲解员，也觉得很有意义，很有成就感！

云南的风

云南省气象服务中心　江慧敏

这是云南省气象台 2016 年 4 月 19 日 10 时 40 分发布的一条大风蓝色预警:云南大部都可能受大风影响,平均风力 6 级,阵风 7 至 8 级。

当日下午 15 时,罗平县突然遭遇大风袭击,造成大量树木被刮倒,部分广告牌被吹翻,所幸没有造成人员伤亡。当日全省 16 个州市中有 11 个出现瞬时风力 8 级的灾害性大风天气。

可能大家对这个"几级"大风没有一个清晰的概念,我们来看一组数据:当风速达 10.8 米/秒,也就是六级风的时候,人身体就需要将身体前倾来维持平衡。当风速达到 22.8 米/秒,也就是 9 级风的时候,在风中行走已经相当吃力。在 10 级大风中行走时,体重 50 千克的人就基本无法抵御风的强大推力了。如果风力再大一些,建议您最好哪儿也别去了,关好门窗,好好地待在家里。

其实每年的 2—4 月,云南省气象台常常会向公众发布大风预警信号。那为什么春季会成为云南的风季呢?这就关系到了云南独特的西南季风气候。夏季的时候,强盛的西南风把孟加拉湾、印度洋上的热带海洋气团向北方吹送,云南的雨季也就开始了,这样的情形从每年的 5 月维持到 10 月左右。而冬季,风从伊朗、沙特阿拉伯等干旱及半干旱大陆吹向南部的海洋,但由于受到青藏高原的有力阻挡,西北风绕行而成为偏西风。这是一支深厚强劲的西风气流,因此云南大部分地区冬半年不仅被干燥的偏西风所控制,而且还会出现强烈的大风天气。这样一来，我们便明白了为什么春季会是云南多风的季节。与全国很多地区相比，云南其实一年大多盛行西南风（只不过，夏天的西南风是从海洋来，而冬天则是从大陆来）。

一年四季，我们几乎每天都在和风打交道，那么，风是从哪里来的呢？风的形成是空气流动的结果。最根本原因是地球上不同的地方所接受的太阳热量不同，从而产生冷热差异，加上地球自转偏向力，使空气运动而形成风。

对我们而言，大风天气的到来就意味着城市和森林需要提高防火意识，也意味着行人在街头行走时，要时时提防那些临时建筑、围墙、广告牌等被大风吹倒砸到路人。比如云南的大理平均一年中有25天以上的大风，最大风力达10级，冬春季节更是因为大气天气而出现过飞机难以降落的事故。

当然啦，大风带来的不会都是害处，世居云南的白族创造出了一道与风有关的独特风景。风不仅是大理“风、花、雪、月”四大奇景之一，当地人还因为要避风而创造了别具一格的白族民居“三坊一照壁”——房屋由一个正房、左右两个耳房及正对大门的一个照壁组成，基本形成一个四周都被包围的空间，即使屋外大风咆哮，屋内却是灯不摇影不晃。

作为大自然的一个礼物，风同样也是一种自然资源，在今天的云南，如果有幸深入到南来北往的大山上，你会看到成片的白色风力发电设备点缀在红土高原的青山绿水之中。它们不仅为美丽的云南画出了一道新风景，还利用了云南多风的自然环境，将这些宝贵的资源变成能源，源源不断地输送到祖国各地。

天气“神算子”——克雷

山东省济南气象科普馆　李晓晗

济南气象科普馆位于“四面荷花三面柳，一城山色半城湖”的泉城济南。馆体分为室内、室外两部分，室内部分占地 1600 平方米，室外占地 1500 平方米，分为气象发展史、气象探测、气象科普知识、气象防灾减灾等十多个展厅。

很多参观者会问天气预报是怎么做的。天气预报其实是先用计算机解出描述天气演变的方程组，“算”出未来天气；然后，天气预报员通过分析天气图、气象卫星等资料，再综合积累的经验而做出。

说到计算机，在我们科普馆内就陈列着几台高性能巨型计算机，都是中国气象局曾使用过的。其中在气象科普馆中心位置摆放的一台叫作“克雷 EL98”的巨型计算机，是我们馆的“镇馆之宝”。

现在我带领大家来了解一下这台“高大上”的计算机。首先我们一起来看一下它的“高科技”。我们知道，数值预报方程组求解非常复杂。英国数学家里查逊为了求得准确的数据，在 1916—1918 年组织了大量人力进行了第一次数值预报尝试。他请许多人用手摇计算机进行了 12 个月才完成。要得到未来 24 小时的预报，如果一个人日夜不停地进行计算，需要算 64000 天。也就是说，要跟上变化多端的天气，要 64000 人一起计算，才能把 24 小时的天气预报计算出来，实际上就是计算要与天气“赛跑”。

咱们再来了解一下克雷的“大气”。1950 年，美国科学家第一次成功地做出了数值预报。从那以后，一些国家相继将这一先进的预报方法——数值预报引入到业务中。从世界上第一次成功地做出数值预报,60 多年来,数值预报方法取得了长足的发展。为提高我国数值天气预报的水平,中国气象局从 1985 年就开始与美国克雷公司接触,希望引进这台巨型计算机。历经近 10 年共 48 次谈判,终于在 1994 年 3 月 28 日把这个“大家伙”请进家。

最后要说的是“上档次”,我们可以看到它的样子和家中的冰箱颇为相似,但这台大家伙的价格比整个科普馆造价还要高,当时的售价是 980 万美元,它的运算速度在全世界排名第 22 位。伴随计算机速度指数级的增加,数值天气预报时效以每 10 年增加 1 天的速度持续提高。在这个过程中,数值预报超过了预报员预报的水准,并在 20 世纪末逐渐成为各时段气象预报的主要依据。

每当站在橱窗前向参观者讲述它的历史时,我们都会很骄傲地告诉大家,它是“神算子——克雷 EL98”。

万年冰洞为何冰冻万年

山西省气象服务中心　崔　昊

首先，请大家跟随我们的镜头前往位于山西省的管涔山，看一看那里的一处奇景（播放影音）！视频里所处的位置是坐落在山西省宁武县的万年冰洞，当我看到这些冰雪精灵，立刻惊呆了！无论洞外的世界如何变化，哪怕是夏日炎炎，热浪蒸腾，它们依然玲珑剔透，冰雕玉砌。究竟是什么原因，形成了堪称天下奇观的梦幻冰雪世界呢？

我上网搜索了一下“冰洞的成因”，答案简直是五花八门，其中靠谱点儿的有以下 3 个：

猜测一，冰洞的形成是特殊地质结构所致。

猜测二，冰洞的形成得益于洞的形状。

猜测三，冰洞的形成缘于冰川学说。

无论现在如何猜测，古人可早就已经开始利用冰洞的原理了，他们冬天把冰放在很深的地窖中，保存到夏天拿来享用。在那个没有冰箱的年代，酷热的夏天，同样是可以吃到冰鲜食品的。

那么，管涔山的这个地方又是如何借助自然之手形成万年冰洞的呢？

我们的气象专家和地质专家共同得出一个结论，洞穴独特的形状和结构形成的独特的小气候是万年冰洞形成的原因。我们从仿真动画中可以看到：冰洞像一个直立的保龄球，深度有 30 层楼高，洞底最宽可以并排过 15 辆车，洞口最狭窄的地方只能让我一个人弯腰过去。这种口小肚大、垂直竖立的结构，使得：夏天，冰洞上面的空气比重小，下面的空气比重大，热空气下沉不到洞里；冬天，这个地方地面的最低温度可以达到－30 ℃左右，平均温度在－8 ℃左右，地面的空气密度很大，冷空气可以沉到洞的底部，然后把洞底相对较热的空气顶到地面上去。洞内常年阴冷潮湿，滴水成冰，时间久了便形成了美丽的冰柱、冰锥、冰笋，还有冰花。

万年冰洞是通过季节更替，内外空气、热量的交换形成的，可以说，万年冰洞之所以能存万年，是神奇的小气候使它拥有了制冷的功能。

再加上管涔山的海拔有 2000 多米，冰洞所在的位置也比较高，洞口又刚好开在了山的阴面，这些因素对洞内冰体的保护也起到了一定的作用。

如此神奇的成因，给冰洞增添了几分神秘色彩，但是，万年冰洞本身就是地质历史时期气候变化的产物，气候变化、局部小气候、特别是人类的干涉，都会影响冰洞的存亡。因此，我们气象部门建议当地景区采取限制游客流量的办法来控制人为因素的影响。

冰洞虽美，但我们更应该保护它，将它的美留给我们的子孙。

人工增雨

天津市气象局科技服务中心　刘思妍

人们都盼望风调雨顺，然而我们都知道，天气变化非常复杂，不可能每年都如此，干旱等气象灾害会时有发生，对农业和蓄水等方面造成不利影响，这时人工增雨往往能一解燃眉之急。

人工增雨是指在适当条件下通过人工干预的方式向目标云播撒适量的催化剂，以影响云物理过程，从而实现增加地面降水的活动。

我们通过一个小动画来具体讲解一下人工增雨。

人工增雨需要两个条件，一是云，二是凝结核。

云，是空气垂直运动的结果。随着空气上升，地面水汽被夹带着一起上升。在这个过程中，一部分水汽被蒸发掉，一部分则升入云中冷却而凝结，成为云中水汽的一部分。高空的云是否下雨，不仅仅取决于云中水汽的含量，同时还决定于云中供水汽凝结的凝结核的多少。二者有一个达不到条件，都很难形成降雨，即使云中水汽含量特别大，若没有或仅有少量的凝结核，水汽是不会充分凝结的，也不能充分地下降。

基于这一点，人们想出了一个办法，就是人工增雨，即根据云的性质、高度、厚度、浓度、范围等情况，分别向云体播撒致冷剂（如干冰、丙烷等）、结晶剂（如碘化银、硫化亚铁等）、吸湿剂（食盐、尿素、氯化钙）和水雾等，成为云中的凝结核，使云中产生凝结或凝华的冰水转化过程，这样就可以改变云滴的大小、分布和性质，干扰中气流，改变浮力平衡，加速水滴长程，达到降水之目的。

高空的云有暖型云（云内温度在0 ℃以上）和冷型云（云内温度在0 ℃以下）。一般情况下，根据云型的不同，人工增雨可以分为两种情况。对于暖型云来说，通常是向云中播撒吸湿剂和水雾，加强云中碰并，促使云滴增大，从而达到降雨的目的。冷型云的人工增雨，常常是播撒致冷剂和结晶剂，增加云中冰晶浓度，以弥补云中凝结核的不足，达到降雨的目的。

人工增雨的方法多种多样，有高射炮、火箭、气球播撒催化剂法，有飞机播撒催化剂法，还有地面烧烟法。

人工增雨有利于草木植被生长，可有效地扑救森林、草场火灾，是保护和改善生态环境的重要措施；可以减轻大气污染程度，改善空气质量，缓解工业、农业和人民生活用水供需矛盾，促进社会经济可持续发展。

龙的尾巴

安徽省气象局　丁冬梅

我在儿时曾亲眼看见过一条“龙的尾巴”！那究竟是什么呢？

这要从我还是孩提的时候说起。那天，天空被乌云笼罩，电闪雷鸣，继而窗户被风吹得嘎吱作响，好像随时都会挣脱窗扣飞出去。妈妈赶紧抱紧我躲在了桌子下面。窗玻璃破碎飞舞，我顿时被吓哭了！电闪雷鸣渐渐远去，透过窗户，眼见一条细长的连接天地的“尾巴”左摇右晃地离开了。妈妈对我说，那是一条“龙的尾巴”。

长大后，我知道那其实就是一场龙卷风。据安庆市气象局观测站记载，1984 年 8 月 8 日安庆市大观区遭遇龙卷风袭击，造成房屋倒塌 120 多间，重伤 4 人，死亡 1 人，直接经济损失十多万元。

龙卷风何以产生如此巨大的破坏力呢？事实上，龙卷风是一种在极不稳定的天气状况下，由强烈的空气对流运动而产生的小范围涡旋。它的尺度小，但风力却可达 12 级以上。当龙卷风产生时，总有一条漏斗状云柱从对流云云底盘旋而下，看起来就像龙的尾巴。它可以造成庄稼、树木瞬间被毁，交通、通信中断，房屋倒塌，人畜伤亡等重大损失。

面对如此巨大的气象灾害，我们该如何防御呢？

第一，应立刻离开危险房屋、活动场所或其他简易临时住处，到附近比较坚固的房屋内躲避。

第二，如在汽车中，应及时离开，到低洼地躲避。因为汽车本身没有防御龙卷风的能力，一旦汽车和人同时被龙卷风卷起，危害更大。

第三,应迅速朝龙卷风移动方向的垂直方向跑动,伏于低洼地面、沟渠等,但要远离大树、电线杆等,以免被砸、被压或发生触电事故。

第四,躲避龙卷风最为安全的地方是位于地下的空间或场所(如地铁或地下室)。

说了这么多,其实我很想亲身回到1984年8月8日那天,运用现代气象科学知识帮助人们进行自救。

当然了,这只是我的一个小情怀。最好的防范还是要及时关注气象预报预警信息,提前做好各种应对准备,把灾害的损失减到最小!

科学知识能改变世界,能改变命运,能改变人生。我坚信,我们为之奋斗的事业终究有一天会战胜这种可怕的灾害,给人们带来微笑和希望。

"龙的传人"必然能够驾驭"龙的尾巴"!

气候改变历史

北京市气象探测中心(北京市观象台)　李　晋

大家好,我是北京市观象台的李晋,今天我讲解的题目是:气候改变历史。

提到气候,很多人以为就是风、雨、雷、电,其实,大家平常所见到的这些短时间的气象现象,我们称为天气。而气候是指长时期内天气的平均或者统计状况,它反映一个地区的冷、暖、干、湿的特征。

那么,我今天讲的气候与历史又有着什么样的关系呢?

我们来看这张图,这是我国著名气象学家竺可桢教授把中国的历史气候与朝代的变化情况,按照时间顺序进行了组合。从图中我们不难发现,像商朝、晋朝、宋朝、明朝等大多数朝代的毁灭都发生在气候变冷的区间。

比如明朝,大家都知道,明朝从万历年间就开始衰败,此后的皇帝虽然一个不如一个,却也延续了几十年,而到了励精图治的崇祯皇帝登基后,反而迅速瓦解。这用政权衰败的观点就解释不通了,于是有学者指出:明王朝灭亡的原因固然有很多,但最直接的,其实是一场大干旱。

据史料记载,全球气温在公元1500年后骤然下降,进入了小冰河时期,气温最低的阶段就是明朝末期的那段日子。小冰河时期的华北地区低温、干旱频繁发生。崇祯五年至十五年(1632—1642)间,黄河流域发生了连续11年的大旱,粮食减产甚至绝收,甘肃、山西、陕西等重度干旱地区甚至出现了“人吃人”的惨剧。走投无路的农民只能揭竿而起，爆发了由李自成等领导的农民起义。再加上由于低温干旱使得北方的草场线不断向南退化，游牧民族为了生存不得不冒险向南进犯。而连年的干旱也使得大明王朝国库空虚，根本无法同时对内、对外开战。在内忧外患下，最终明王朝走向了灭亡。您看，一场气候变化导致的低温干旱就这样让有着近 300 年基业的大明帝国迅速消亡在历史长河中。

当然了，朝代的更迭是一个非常复杂的过程，集权过度、土地兼并、宦官外戚当权，都可能导致一个王朝被取而代之。但不可否认的是，气候变化在某种程度上也影响着历史进程。

世界上还有许多因为气候原因所导致的历史事件，像罗马帝国的灭亡，拿破仑因为忽略了俄国的寒冬而最终失败，都与气候有着密不可分的关系。所以，了解气候变化与历史的关系，可以让我们更加从容地去面对气候变化给我们带来的影响。

今天由于时间的原因只和大家分享了明王朝覆灭的故事，是不是有点儿意犹未尽呢？那就到观象台来吧，我在那里等着您。

假如地球没有大气

辽宁省气象服务中心　王　迪

小时候的我们总是会提出各种问题，比如：天空为什么是蓝色的？雨过天晴为什么会出现彩虹？坐飞机的时候机身晃动，为什么空姐说是因为气流的影响？其实，这一切都与我们赖以生存的环境——大气息息相关。假如没有了大气，你坐的也许就不是飞机，而是星球大战里的宇宙飞船了。

地球被厚厚的大气层包裹着，我们人类就生活在大气层的最底层——对流层，从对流层向上依次为平流层、中间层、热层和外层。

过去人们认为地球的大气成分是很简单的，直到 19 世纪末才知道地球大气是由多种气体组成的混合体，其中氮气和氧气的体积百分比浓度之和大约为 99%，是大气的主要组成成分，而水汽、二氧化碳和臭氧就是我们所说的重要的温室气体。

大气给予我们赖以生存的氧气，离开大气中的氧气，人会窒息而死；大气给予我们适宜生活的温度，离开大气层的温室效应，地球昼夜温差非常悬殊，人无法适应；大气给予地球纯天然的防晒霜——臭氧，离开臭氧层的屏障，人会受到紫外线的强烈伤害。

假如地球上没有大气，人类和其他生物也就不复存在。以地球的近邻水星为例，看看它某些致命"特征"：水星上既无空气又无水，昼夜温差非常悬殊，最热时达到 427 ℃，最冷时则有 −173 ℃。由于没有大气遮挡，水星上的阳光比地球赤道的阳光强 6 倍，不要说人，就是一些熔点较低的金属也会熔化。

大气层如此造福于人类，我们又给大气层带来了什么呢？早在20世纪80年代，人们就已经发现南极上空出现了臭氧空洞，最大时竟然比整个北美都要大。2015年11月8日，沈阳市遭遇严重雾/霾污染，全市$PM_{2.5}$均值一度达到1155微克/米^3，那天恰逢我值班，整个气象局的楼里都有一股浓烈的呛鼻子的味道。

可见，人类活动也在不断地影响和改变着大气层，且影响主要表现在对大气成分的改变上，可悲的是，我们带给大气层的“礼物”竟是大气污染。

大气保护了人类，人类离不开大气。人类不仅要认识大气、利用大气，更要学会珍惜大气、保护地球的“外衣”。只有这样，地球上的一切生物才能像前一阵上映的电影《奇幻森林》里的动物和人一样，和谐共处，可持续发展。

暴雨的那些事儿

陕西省商洛市气象局　王莎莎

今天,我要和大家聊一聊“暴雨的那些事儿”。

提起暴雨,大家脑海中首先想到的可能是天昏地暗、大雨滂沱,细心的人可能还会有这样的体会:暴雨也有不同的“脾气”,有时比较温和,持续时间长;有时非常暴躁,来势凶猛,短时雨量较大,还会伴有大风或冰雹。

让我们先来了解一下暴雨。在气象学上,24 小时降水量为 50 毫米或以上的强降水称之为暴雨。做个实验,便会一目了然。假设左右两边是等量的水,左边雨势平缓,右边雨势猛烈,左边,我们称之为稳定性降水,右边,我们称之为对流性降水。来看具体的事例:1998 年 7 月 9 日,陕西省商洛市丹凤县双槽乡遭遇了一场强对流降水,6 小时降雨量达到 1400 毫米,创造了短时临近降水的世界极值,短时间内山洪、滑坡、泥石流俱下,造成了近百人伤亡的毁灭性灾难。暴雨可能造成城市内涝、农田积水、山洪爆发、房屋倒塌等。可见,不同降水性质造成的暴雨,会产生多么迥然不同的影响!

那么,如何避开暴雨呢?首先是要密切关注你所在地的气象预报预警信息。气象台发布的暴雨预警信号一般分为 4 个等级,依次为暴雨蓝色预警、黄色预警、橙色预警和红色预警。倘若被困在暴雨中,往高处转移是个不错的选择,但一定要避开电线杆、铁塔,以防触电;也可采取小包围战略,如砌围墙、放挡水板、使用小型抽水泵等。当然了,在日常生活中我们要更加关注城市排水系统的清洁，不要将垃圾丢入下水道造成堵塞，以防暴雨时积水成灾。

暴雨常给我们带来灾难，但有些时候，一场暴雨会及时缓解旱情、驱走高温、增加水库的蓄水量。

我们都知道，2016 年世界气象日的主题是“直面更热、更旱、更涝的未来”，在趋利避害、防灾减灾的路上，我们任重而道远。提高气象服务能力、积极应对气候变化，是我们共同的责任！

揭秘雷电

贵州省黔西南州气象局　何依遥

雷电是我们日常生活中常见的自然现象，是一种伴有闪电和雷鸣的放电现象。而这种日常生活中常见的“自然景观”也有许多你可能不知道的小秘密。

先从名字说起，你可能万万没想到雷电居然有 12 个不同的名字。因其形状的不同就使它拥有 5 个名称，分别为枝状闪电、线状闪电、片状闪电、珠状闪电、球状闪电，这些都是雷电。而因雷电产生的位置不同，名字又有所不同，分别为云内闪电、云间闪电、云际闪电。云对地的放电现象统称为地闪，但也因雷电产生时的行径方向和先锋部队所带电荷的不同，名字也不同，分别为正地闪、负地闪、上行地闪、下行地闪。

一次地闪的完成只需要几毫秒的时间，而在这极短的时间内，人类肉眼无法察觉出雷电流上下来回几次的泄放过程。当雷电流的先导距离地面 5～50 米时，地面便会沿着先锋部队行驶出来的通道突然向上回击，然后又从云中向地面再次回击，来回几次，才形成一次闪电过程。人类的肉眼通常只能观察到闪电的一个光柱，但这张照片（见 PPT）就清楚地记录了一次雷电过程。

雷电是如此壮观，但它给人类也带来了许多灾难，在航空航天、石油化工、林业、电力、交通等方面都曾经使人类遭受重创，罪魁祸首是因它产生时总是伴随着强大的热效应、电动力作用、静电感应和电磁感应。

雷电不仅给人类造成经济损失,还造成人员伤亡。气象灾害中,就伤亡人数而言,雷电灾害仅次于暴雨洪涝引发的地质灾害。那么,当雷电来临时我们又当如何保护自己呢?

如果在室外,应当迅速躲入有防雷装置保护的建筑内。汽车内是躲避雷击的理想地方。在空旷场地不要使用有金属尖端的雨伞,不要把铁锹等农具、高尔夫球棍等物品扛在肩上。在旷野无法躲入有防雷设施的建筑物内时,不要使自己成为引雷针,应远离树木、电线杆、烟囱等高耸、孤立的物体。

别以为躲入有防雷装置的建筑内就是完全安全的,安全只是相对室外而言。在室内如果不注意采取措施,除了会遭受球形雷直接袭击外,更可能遭受间接雷击的侵害。在室内,一定要关闭好门窗,尽量远离金属门窗、金属幕墙、有电源插座的地方,不要站在阳台上,不要靠近更不要触摸任何金属管线,包括水管、暖气管等。如无防雷装置,最好不要使用任何家用电器,最好拔掉所有电源插头。雷雨天气时最好不要洗澡,特别是不要使用太阳能热水器。如果不慎遭受雷击,应及时采取抢救措施。

历法之源——陶寺观象台探寻

山西省临汾市气象局　王文平

中华千年，莽莽苍苍，上道鸿蒙、中道礼制、近道科研，建中、立国，产生了一个灿烂的文明——中国。中国从何而来？

在晋南大地上镶嵌着一颗璀璨的文化瑰宝——山西襄汾陶寺遗址，距今4300—3900年，是公认中国最早的文明诞生地之一。

自1978年起，历经38年的考古探索，在遗址中，不但发现王宫、墓地、手工作坊，还有史前规模最大的仓储区，这意味着当时农业的发达，人们迫切需要了解天气、气候的变化，适时播种和收获。

2003年，在襄汾陶寺遗址发现了一座大型的建筑基址——观象台基址。陶寺观象台是这次考古的重大发现，也是迄今考古发现世界最早的观象台遗址，由13根石柱、12道观测缝和1个观测点组成。观测者立于观测点圆心，透过柱与柱之间的缝隙，观测正东方的日出，以此来确立当时的节气。

观测早上日切于峰顶时是否在缝正中，如果日切在某缝正中，则是陶寺历法中某一特定的日子。研究表明，这12道缝中，除1号缝观测不到日出外，7号缝居中，是春分、秋分的观测缝，2号缝是冬至观测缝，12号缝是夏至观测缝，2号和12号缝各用一次，其余9道缝于上半年和下半年各用一次，也就是说，从观测点可以观测一个太阳回归年的20个时节。

在陶寺遗址中不但发现了观象台，还在一座大墓中出土了一件木杆。木杆上绘有绿黑相间的色段刻度，这就是圭尺。圭尺与立杆组合使用，正午时分测日影，判断时令，制定历法。

中科院考古研究所山西队于 2003－2005 两年 77 次，实地模拟观测得出，24 节气与陶寺历法的冬至、夏至、春分、秋分四个节气一一对应，误差很小，由此表明，4100 年前左右制定的 20 个节令历法，是已知的当时全世界最缜密的太阳历法，也是当今 24 节气的直接源头。

《尚书·尧典》记载："乃命羲和，钦若昊天，历象日月星辰，敬授人时。"这就是尧帝时期真实的写照。

看云识天

江苏省徐州市气象局　刘　贺

天空中的云彩绚丽多姿，千变万化，那么今天，就让我们一起来认识下云的家族吧。

地面上的积水慢慢不见了；晾着的湿衣服不久干了，水都到哪里去了呢？原来，它们受到太阳辐射后变成水汽蒸发到空气中去了。到了高空，遇到冷空气便凝聚成了小水滴，然后又与大气中的尘埃、盐粒等聚集在一起，形成了千变万化的云。我们来想一想平时看到的云是不是有各种色彩呢？是不是很奇妙呢？其实呀，天上的云本来都是白色的，只是因为云层的厚度不同，以及云层受阳光的照射方向不同而显出不同的颜色。云按照云底的高度可以分为三个云族：低云族、中云族和高云族。

如果天气一直不好，天天刮风下雨，是不是也不能出门去玩啦，那大家一定都很希望出现晴天吧！我们就先来讲讲晴天的云。

晴朗的天气里，我们抬头观察蓝天白云，会发现最高处有一些很轻盈的云，它们丝丝缕缕地飘浮在空中，像羽毛一样，这就是卷云。卷云非常薄。阳光可以透过云层照到地面。这样的云不会带来雨雪，我们可以放心地欣赏它们了。有时我们会偶见一些成群的扁球状的云块，排列十分匀称，它们是高积云。

但是阴雨天的时候，我们可是看不到这些云的。当卷云聚集起来，天空中渐渐出现薄云时，你就看见卷层云了，它们像白色的绸幕一样飘浮在空中。如果卷层云慢慢向前推进，就说明天将转阴。卷层云越来越低，越来越厚，太阳变得朦胧不清，它可不能再叫卷层云了，而要叫高层云。当我们看到高层云时，往往说明几个钟头内就要下雨雪了。渐渐地，高层云压得更低了，变得更厚了，天空中布满了乌云，那可要注意了，这是雨层云。雨层云形成后就要下雨雪了。夏天，有时积云会迅速向上凸起，形成一座高大的“云山”，耸入天顶，越来越高，突然，云山崩塌了，同时下起了暴雨，有时甚至会带来冰雹或龙卷风！这座“云山”就是积雨云啦。

天上挂什么云，就将出现什么天气，大家要记住，天空的薄云，往往是天气晴朗的象征；那些低而厚的云层，常常是阴雨风雪的预兆。

在创新科技的今天，气象发展也离不开每个人的一份力量，欢迎大家继续参观气象园，去探索更多的气象奥秘！

气候变化知多少

内蒙古自治区鄂尔多斯市气象局　孙　敏

下面我为大家介绍一下有关气候变化的相关知识，主要分以下4部分为大家讲解。首先，什么是气候和气候变化；第二，气候变化带来的影响；第三，引起气候变化的原因；最后，如何应对气候变化。

气候是指长时期内（月、季、年、数年、数十年到数百年或更长）气象要素以及天气过程（如温度、降水、风、日照等）的平均或统计状况，主要反映一个地区的冷、暖、干、湿等基本特征。气候变化是指气候平均值或距平（离差）出现的显著变化。

气候变化带来的影响有以下几个方面：首先是地球表面温度升高。这幅图（见PPT第3页）是近年来全球地表平均气温距平图（也就是每年的平均气温与历年平均气温的差值）。从这幅图可以看出，全球的年平均气温总体是一个增长的态势。其次，冰雪量显著减少。从乌鲁木齐河源一号冰川在1993年和2012年的照片可以看出，2012年的冰雪量明显少于1993年。再次，海平面加速上升。从全球海平面高度的变化图可以看出，海平面总体也是呈上升的趋势。最后，极端天气事件增多。极端天气事件就是我们经常提到的百年一遇的强降水、超高温、强干旱、强台风，还有近年来高频次的重度霾等。气候变化会导致这些事件的增多。

引起气候变化的原因是温室效应。温室效应形象地说就是温室气体增多，导致我们的地球像被塑料大棚包在里面一样，破坏了太阳短波辐射和地面长波辐射的动态平衡，而使地球表面温度不断升高的一种现象。

温室气体增多的原因又是什么呢？主要源于人类活动的超量排放。

比如：化工燃料燃烧排放的增加；乱砍乱伐树木；汽车尾气排放的增多等。

如何应对气候变化呢？最有效的方法就是减少温室气体的排放。

少开一会儿空调，少开一天车，少用一双一次性筷子等，从身边做起，每个人为应对气候变化贡献一份力量，共同保护我们赖以生存的家园。

沙尘暴

内蒙古自治区气象台　张　莹

(视频)这是来自电影《碟中谍》里的一个片段,我们今天就来介绍一下片段中出现的天气现象。

我不得不说,经历了内蒙古的强沙尘天气,才知道电影里面都是骗人的,在走路都费劲的情况下,汤姆·克鲁斯在影片中竟然健步如飞,我想导演一定给他装了发动机。

沙尘暴是沙暴和尘暴两者兼有的总称,指强风把地面大量沙尘物质吹起并卷入空中,使空气变得混浊,水平能见度小于1000米的严重风沙天气现象。

春天来了,微风拂动秀发,你以为是这样(见PPT第5页),事实是这样(见PPT第6页),还有这样(见PPT第7页)。沙尘暴多发生于春季,这是由于春季干旱区降水稀少,地表干燥松散,有大风刮过时,就会将大量沙尘卷入空中,形成沙尘天气。

总之,沙尘暴的形成需要这3个条件:一是地面上的沙尘物质;二是大风;三是不稳定的空气状态。

沙尘天气的等级主要依据沙尘天气当时的地面水平能见度划分,依次分为浮尘、扬沙、沙尘暴、强沙尘暴和特强沙尘暴5个等级。

就在2016年的3月4日,内蒙古锡林郭勒盟经历了特强沙尘暴的席卷,二连浩特市气象局紧急发布了沙尘暴红色预警,沙尘暴如同一辆巨型卡车驶入了这座城市。

(拿出衣服)这件衣服,我挂在屋外,让它经历了2016年4月30

日和 5 月 5 日两场沙尘暴的洗礼，是为了给大家带来内蒙古“特产”——纯天然，无污染的……黄沙。（抖几下），台下有人下意识地捂嘴了，没错，此刻空气中弥漫着泥土的味道，漂浮着肉眼都能看到的细小颗粒。这些小颗粒就是沙尘暴的物质基础，同时，也给我们带来了看不见的危害。一场强沙尘暴到来，这些浮尘在室外的浓度可以达到 1000 毫克/米^3，室内为 80 毫克/米^3，超过国家标准的 40 倍。在这样的空气中，我们的呼吸系统备受摧残。

生活在沙尘暴的易发区，就一定要做好防护措施，使用防尘面罩，用清水冲洗鼻腔，避免高速驾驶车辆，及时关闭门窗，当然更重要的是要加强环境保护意识，恢复植被，建立防范沙尘暴的天然屏障。

听完我的讲解，大家是不是对沙尘暴有了一个初步的了解？虽然沙尘暴来临时空气混浊，可是草原依旧很美。在此，我诚挚地邀请大家来内蒙古，我陪你们一起看草原。

属于你的"千里眼"

福建省龙岩市气象局　赵　娜

赞美一个地方的气候好，叫"四季如春"；形容一个地方天气多变，叫"春如四季"。这说的就是福建的春天，晴雨风雷冷热轮番登场。

好在有一个"大管家"，帮我们随时注意这个春姑娘的一举一动，它就是雷达。提到雷达，人们往往想到的是又高科技又神秘的东西，其实雷达就是一种探测天气的设备，俗称"千里眼"。常用的天气雷达可以观测到半径 230 千米范围内的天气，换算成面积是 16.6 万多平方千米，相当于 10 个北京市、1 个江西省那么大。

有了它，不论你身在何处，都可以轻松预测到未来 1～2 小时内将要发生的天气，从而从容躲避恶劣天气的侵袭。

这么好用，还不收藏吗？(侧身指图)比如气象网站、手机 APP、微信公众平台等。关键问题来了，我们怎么看懂雷达回波图呢？下面告诉大家看雷达回波图的几个关键处：①确定时间；②找位置；③辨颜色，雷达图有绿色、黄色、红色、紫色表示降雨强度，与此顺序相对应的是小雨、中雨、大雨到暴雨、极端强对流。为了加深印象，看这张雷达回波图(见 PPT 第 13 页)您会想到什么——一道"菠菜蛋花西红柿紫菜"汤。看到以绿色为主的"菠菜"出现时，我们将漫步在小雨中；如果"蛋花"也来了，那么不打伞就要被淋湿了；但如果画面中是"菠菜、蛋花点缀西红柿"出现了，将是怎样的天气呢？在天气预报里我们经常听到，预计今天夜里到明天白天全市阵雨，部分中雨，局部大雨到暴雨。说到这儿，我想聪明的你一定猜到了这幅画（见 PPT 第 14 页）表达的就是这样一种天气。图中零零散散的番茄代表的就是局部地区的大雨到暴雨，颜色越深降雨强度就越强。当红色上升为紫色时，可要注意了，这就是强对流，包括强雷电、大风或冰雹、短时强降雨等灾害天气，要注意防范。

根据雷达回波图像的动画，可以了解过去 1 小时回波移动的方向和速度。最简单的情况，根据这个速度外推，你就可以判断雨大致多长时间到你这里来或离你而去。目前优秀的预报员，通过天气雷达，可以精准地告诉你，你所在的那 1 平方千米范围，几分钟后会下雨，什么时候雨会停。未来还将提供更精细的“私人订制”服务，比如设置雨区倒计时服务语音提醒，以及闪电报警系统等。随着“互联网+”和“大数据”时代的到来，相信不久的将来，“掌上天气雷达”将逐渐走入寻常百姓家，向您提供全球范围内任何地方所需的个性化气象服务，为您生活和出行带来方便。

呼风唤雨不是梦

江苏省徐州市气象局　夏　露

2015 年 9 月 3 日上午，教练机在天安门上空呼啸而过，身后拉出的彩色烟带，在蓝天白云的映衬下显得无比绚丽。在这之前，北京连日阴雨，却在近日转晴，其中的原因不光是天气的自然演变，也包含着人工影响天气工作者的保驾护航。

那么下面，就让我们走进这项神秘的科学——人工影响天气。

自古以来，呼风唤雨就是人类的梦想，清代就有关于土炮防雹的记载，这也是人工影响天气的雏形。

人工影响天气是怎么回事呢？它通过人工催化的方法，影响局部天气，从而达到防灾减灾的目的，主要有人工增雨、防雹、消云、消雾、防霜等。

下面我们就以人工增雨为例，对其原理做一个介绍：有句歌词里唱到“风中有朵雨做的云”，生动说明了云和雨的关系。关于云，大家并不陌生，可是您知道吗？一团云可能存储有上百万吨的水，却没有降水的发生。这是由于云中单个的云滴非常细小，它从高空下落，往往没到地面就蒸发掉了，因此，要想让云变成雨，就要使云滴增大许多倍，也就是要满足两个条件：一是要有足够的过饱和水汽，二是要有一定数量的凝结核。

知道了成云致雨的关键，我们就能理解人工增雨的奥秘了。在条件适宜的云层里，人为地增加云中凝结核，就可以增加降水。经过几十年的筛选试验，碘化银成为最有效的催化剂。但是人工增雨不是“无中生有”，这就是大旱时，由于缺少水汽条件，不容易做到人工增雨的原因。因此，这两个条件缺一不可。

目前我国普遍使用的是飞机、高炮、火箭作为人工增雨运载工具。高炮、火箭将碘化银发射到云中；而飞机，在云层里反复飞行，把催化剂均匀地喷洒。之前所提到的胜利日阅兵，专家们选用的是火箭一飞机联合作业的方案。

其实我们可以把云朵看作是一座座移动水库，用人为的方法向云中散播催化剂，就可以将水库的闸门开大，流出来的水也就变多了。在夏季，一块直径几十千米的普通云，如果人工增雨 10 毫米的话，那么产生的降水就可达百万到数百万吨之多。

当前，大家对于环境安全的问题越来越关注，很多人会问，人工影响天气作业催化剂会对环境有危害吗？北京市政府曾经在作业后进行水体采样，显示水体中的银离子含量远低于饮用水安全标准，大家尽可以放心。

如今，人工影响天气技术越来越成熟，许多人不禁脑洞大开，能不能人工消除台风或者其他灾害性天气？其实，已经有人进行了尝试，但在目前还无法实现。不过，我们有理由相信，在未来，人工影响天气会在防灾减灾方面发挥更大的作用。但同时我们也要知道，只有怀着对自然的敬畏之心，人与自然才能更和谐地相处……

也说梅子黄时雨

安徽省气象台　王维波

“黄梅时节家家雨，青草池塘处处蛙。有约不来过夜半，闲敲棋子落灯花。”说起这首七言绝句，大家肯定都十分熟悉，小学课本上都学过呢。当时的我只能在老师的指导下体会出因为友人失约，诗人落寞失望的情怀，却不曾从中发现夏季梅雨的急骤密集与无所不在。

梅雨是一种每年六七月份在我国长江中下游地区、日本中南部以及韩国南部等地，持续连阴雨的气候现象，由于此时正是江南梅子的黄熟期，所以称之为“梅雨”。而且，由于这段时间里多雨潮湿，衣物容易发霉，因此又俗称“霉雨”。

安徽地处长江、淮河中下游，每年自然是逃不开梅雨的到访。那么，梅雨季节到底是怎样形成的呢？大约5月下旬至6月上旬，来自北方的冷空气与从南方北上的暖空气走着走着就相遇在华南地区，形成华南准静止锋。但是大约到了6月中下旬，暖空气势力开始增强，冷空气被迫做出小幅让步，准静止锋北移至江淮地区，形成江淮准静止锋。由于来自南方的暖空气夹带着大量水汽，当遇上较冷的气团时，就开始“交战”。交战总要有点动静吧，这些动静就是大量的对流活动。而且由于这段时间冷暖空气势力相当，“打”得不可开交，江淮地区也就成了它们的临时“战场”。而身处战场的我们，就有了每年将近一个月的梅雨季节。

由于梅雨季节是全年重要的降雨时期，所以梅雨来临的早迟、持续时间的长短、雨量的多少，都会影响到江淮流域的农业生产。它如果来得过早，雨期过长，雨量过大，就会出现洪涝灾害，严重影响夏、秋农业收成；如果来得太晚，或者雨期过短，甚至“空梅”，就会出现干旱，对夏种和春播作物的生长也是不利的。

关于生活方面呢，大家最先感到不适的就是“体感”了。进入梅雨期，经常会出现高温高湿天气，正是肠道疾病的多发季。所以咱们在梅雨季要多加注意家中的清洁卫生，保持厨房用具的清洁干燥。

另外，梅雨季节空气湿度大，咱们家中的地板、窗户也经常都是湿漉漉的。衣物也很难晾干，容易发霉。防潮除湿的最佳方式其实要以预防为主。所以，大伙在梅雨季节要是看到太阳君的踪影就赶紧把家中的被子衣物拿出去，好好晒上几个钟头，那一定是极好的！

虽说每年将近一个月的梅雨季节的确给咱们的生活以及农业生产带来了很大的不利影响，但它也给我们带来充沛的水资源，以及诗情画意般的美好感觉，不然也就不会惹得文人墨客在梅雨时节挥洒笔墨造就如此之多关于梅雨的绝美诗词。咱们不是上帝，只是凡人，无法控制四季的变化流转，所以就好好地去适应、防范、享受每年这样一段梅子黄时雨吧。

走进中国台风博物馆

中国台风博物馆　胡巧儿

热带气旋是一种发生在热带或副热带海洋上的具有暖中心结构的强烈气旋性涡旋。按照其中心附近最大平均风力大小可划分为:热带低压、热带风暴、强热带风暴、台风、强台风和超强台风。台风是世界灾难性天气,位居威胁人类生存与发展的十大急性自然灾难之首。热带气旋登陆后,带给人类的将是狂风暴雨、巨浪滔天、堤溃房塌、生灵涂炭。千百年来,人类深受其害,苦不堪言,将它称之为"来自海上的杀人魔王"。"飓风拔木浪如山,振荡乾坤顷刻间。临海人间千万户,漂流不见一人还。"南宋女词人朱淑真的这首《海上记事》具体形象地向我们再现了古时台风肆虐、家破人亡的人间惨剧。

岱山位于美丽的浙江省舟山群岛新区,是我国 12 个海岛县之一,历来屡受台风所害。源自于海岛人民认知台风、防御台风、探索台风的科普需求,和气象灾难性体验旅游的创新和摸索,2003 年岱山县人民政府和舟山市气象局在拷门大坝的风口浪尖,建立了全国首个气象灾难主题博物馆——中国台风博物馆。

博物馆共分为一期和二期两个场馆。一期用丰富的图文资料、仪器模型诠释了台风学科,记录了历史风灾,讴歌了防台抗台精神。二期场馆布置了台风"4D"动感立体影院和气象科普游戏娱乐区两大板块。中国台风博物馆静态展览与互动体验相结合,达到了寓教于乐的气象防灾科普宣教效果。新中国成立以来,军民万众一心、众志成城，防台抗台保卫家园的爱国主义精神更在这里得到了传承和发扬。

我们认知台风，监测台风，防御台风，探索台风！中国台风博物馆气象科普志愿者宣传队——这支海上气象防灾科普轻骑兵，走出馆门，走进城乡，坚持以科普为先锋，以预警为先导，深入开展社会科普宣传，努力提升民众防灾意识，提高避险能力。这是我们新一代气象人的职责和使命。在东海蓬莱仙岛岱山，中国台风博物馆气象科普志愿者宣传队这面火红的旗帜将永远飘扬。

大气的力量——风

湖南省气象台　杨云芸

众所周知，我们人类无时无刻不生活在大气中，却并没有感受到大气有什么力量，但是事实上，大气是确确实实存在力量的。下面我们通过两个简单的实验来说明一下。

首先，在玻璃水杯中充满水，将硬纸片覆盖在杯口，然后再反转杯子。请问会发生什么事情呢？水会流出来吗？

事实证明，水不会从杯子里流出来，这是为什么呢？

其实，早在1654年，德国马德堡市市长公开表演了一个著名实验——马德堡半球实验。两个铜半球紧紧地靠在一起，16匹马都很难把它们拉开。这是因为抽出金属半球内空气后，两个金属半球在大气压强的作用下被紧紧地压在一起，因而很难把它们拉开。

所以，从以上实验中，我们可以得到以下结论：大气对浸在它内部的物体会产生压强，这个压强称为大气压强，简称大气压，其大小约为76厘米水银柱产生的压强，数值为1.01×10^5帕。

风，是大家时时都能感受到的一种天气现象，也是大气力量的一种体现。下面简单和大家讲讲风的基本形成原理。地球的能量都来自于太阳，所以在理想状态下，地面处处受热均匀的话，那么气压值也就处处相等，等压线是平直的线条。但是实际情况往往受地形、维度或者其他因素的影响，地面受热是不均匀的，那么这种情况下，根据气体热胀冷缩的原理，等压线将会是一条不平直的曲线。这时，我们引入一个概念：同一水平面存在气压差后，便会产生一种促使空气由高压流向低压的力，这个力就被称为水平气压梯度力，简称气压梯度力。那么风，就是在气压梯度力的作用下，空气由高压流向低压的水平运动。

风是个矢量，气象学中定义风的来向为风向，风向有16个方向。风的大小用风速来表示，单位是米/秒。我们一般说的几级风，是蒲福风级。蒲福风级由英国人弗朗西斯·蒲福于1805年拟定，用以表示风的强度等级。

在陆地，若平均风速（2分钟或10分钟）≥14米/秒（风力达到6级以上）或阵风风速≥17米/秒（风力达到8级以上），就会形成灾害性大风，这时，我们应该采取以下防御措施：①尽量减少外出，必须外出时少骑自行车，不要在广告牌、临时搭建物下面逗留、避风。②如果正在开车，应立即驶入地下停车场或隐蔽处。③如果住在帐篷里，应立刻收起帐篷到坚固结实的房屋中避风。④如果在水面作业或游泳，应立刻上岸避风；船舶要听从指挥，回港避风，帆船应尽早放下船帆。⑤在房间里要小心关好窗户，在窗玻璃上贴上“米”字形胶布，防止玻璃破碎；远离窗口，避免强风席卷沙石击破玻璃伤人。⑥在公共场所，应向指定地点疏散。⑦农业生产设施应及时加固，成熟的作物尽快抢收。

趣谈天气那点事儿

广东省广州市花都区气象局　胡　茵

今天我来和大家谈谈天气的那些趣事儿！“春有百花秋有月，夏有凉风冬有雪。若无闲事挂心头，便是人间好时节。”在生活中大家熟知的是台风、暴雨、干旱、寒潮、雷电、龙卷风、雾/霾等气象灾害带来的灾难，但也有我们不常见到的奇妙、壮观、美丽的天气。尤其是在广东，有句俗语叫“天无三日晴”，突发天气比较多，暴雨说来就来，说走就走，经常是把雨伞、雨鞋等全副武装好出门时，雨就停了。这种久晴转雨或是久雨转晴的天气却也让人觉得很有意思。特别是冬半年能见到蓝天白云时，心情就会非常舒畅。正是这些千变万化的天气状况，丰富了我们的历史故事和现代生活。

天气预报自古就有，说到古代最著名的天气预报员，可能就是诸葛亮了。他可以在没有现代化的卫星云图参考的情况下，利用夜观天象及阴阳八卦、奇门遁甲预测“天气预报”。在历史记载中，他三次成功地利用天气预报打赢了战争，创造了以少胜多的奇迹。第一次是“火烧新野”，成功地预测到了“来日黄昏后，必有大风”，故“奸雄曹操守中原，九月南征到汉川。风伯怒临新野县，祝融飞下焰摩天”。第二次即是著名的“草船借箭”，预报天气有雾达到3天之久，赶得上今天我们的数值预报了呢。第三次是赤壁大战中有名的“借东风”，气得周瑜吐血而呼：“既生瑜何生亮！”诸葛亮短、中、长期天气预报都是很准的，但他对突发性的天气变化也无能为力，所以最后与司马懿决一死战时，本预测天空万里无云，方才设计包围司马父子于上方谷中，欲用火攻烧死他们。没想正要大获成功之际，忽然骤雨倾盆。满谷之火，尽皆浇灭，司马父子死中得活。诸葛亮气得叹道："谋事在人，成事在天，不可强也！"。

气候冷暖变迁还影响着历史朝代的更替。通过分析这条树轮重建的温度曲线图（见 PPT 第 6 页），科研人员发现，我国历史上的朝代垮塌几乎都与曲线图上的低温区间相对应，秦朝、三国、唐朝、宋朝（北宋和南宋）、元朝、明朝和清朝的灭亡年代，都是处于过去 2000 多年来平均温度以下或极其寒冷的时期。当然影响历史进程的原因有很多方面，气候只不过是其中的一种。由于封建王朝自身政治上的腐败，加之低温导致的粮食歉收，造成饥饿，最后引发农民起义或战争，从而导致朝代更迭。此外，在寒冷时期，草原牧场向南迁移也会导致北方游牧民族的入侵和南迁。

在军事上，第二次世界大战时为什么会选到广岛投原子弹呢？1945 年 8 月 6 日，原定投放目标的日本首都东京云层覆盖，大雾弥漫，能见度不高，广岛的晴朗天气决定了它成为第一颗原子弹的目标。备选的长崎市也不幸成为了第二颗原子弹的目标。

时至今日，气象科学与我们的生活息息相关，下面我说说生活中的几个气象冷知识，你们来判别是真，是假？

可见，大到防灾减灾、工农业生产、交通运输、城市规划、工程建设，小到居家生活、出外旅行，都需要我们的气象科学来帮助人们科学合理地安排好生产和生活。气象知多点，生活更美好！谢谢大家！

走近气象 收获健康

陕西省铜川市气象局 何天玉

不知道在座的朋友们是否有过这样的经历，在骄阳似火的炎炎夏日觉得口渴、乏力、头晕，或者是在阴沉的雾/霾天出现喘不上气和胸闷的感觉。没错，这些症状的出现都和天气有着密不可分的联系。

实际上，温度、气压、湿度、风速这些气象要素的变化都对我们的身体有着不可忽视的影响。低温刺激会导致心肌缺氧加重；低压环境会使血色素不能被氧饱和而出现血氧不足；空气离子能够调节神经系统功能，加强新陈代谢；红外线具有消炎镇痛的作用。从气象变化来说，一次寒潮天气，就有可能导致风湿痛、感冒、咽炎、脑溢血等病症出现不同程度的加重。除了我们能直接感受到的身体变化外，气象造成的间接影响也并不罕见，例如 2013 年 1 月，北京就曾因雾/霾和冻雨的双重影响，发生车祸千余起。这是因为地面附近的气温很低，出现的降水就在道路表面冻结成一层晶莹透亮的薄冰，造成“地穿甲”现象；再加上能见度不高，很难看清前方车辆，给人们出行带来不小的隐患。

天气有时会给我们带来伤害，相反，如果利用气象条件，选择适宜的居住地或疗养地，也可以作为提高身体素质、进行辅助治疗的一种途径。我们把利用气象条件来治疗的方法概括为空气疗法、日光疗法和海水疗法，应运而生的山地疗养地和海滨疗养地等也都是保健和治疗的好去处。以海滨疗养地为例，它所处的地区不仅湿度大、温度变化缓和、日照比较充足，而且空气中含有海盐成分和大量阴离子，对健康大有裨益。当然，在日常生活中，更重要的还是要多多收听天气预报，掌握未来天气形势，及早做好抗寒保暖、防暑降温等措施，从被动接受天气影响转变为积极应对气象变化，拥有一个健康的体魄和一份愉悦的心情。

气象局里的纪念馆

浙江省绍兴市气象局　叶思沁

在绍兴有许多大大小小的纪念馆，比如坐落于周恩来祖居的周恩来纪念馆、鲁迅故里的鲁迅纪念馆、蔡元培故居的蔡元培纪念馆等。有一个纪念馆地理位置很特殊，它不在景区也不在故居，而是在一个机关单位里，它就是竺可桢纪念馆。

竺可桢是谁？可能许多朋友觉得名字听着挺熟的，但并不太了解。他曾经当选为国际地球物理年（1957 年 7 月 1 日—1958 年 12 月 31 日）中国委员会主任，还当过浙江大学的校长。1998 年，绍兴市气象局投资建成了全国唯一一家竺可桢纪念馆，这也是绍兴市唯一的一家由地市级部门自行创办的科学家纪念馆。竺可桢和绍兴、和气象有什么渊源呢？

1890 年 3 月，竺可桢出生在浙江绍兴东关镇的小商人家庭。1910 年，竺可桢考取第二期留美庚款公费生，先后在伊利诺大学农学院和哈佛大学地学系，潜心研读与农业关系密切的气象学。1918 年，竺可桢以论文《远东台风的新分类》获哈佛大学气象学博士学位，随即怀着一腔报国为民的激情，返回阔别了 8 年的祖国。

也许你并不知道，在今天极为普通的天气预报，那时却只能由外国人发布。而在 1928 年，竺可桢在南京主持建立了第一个由中国人管理的气象台，打破了外国人对中国气象事业的垄断。在抗日战争爆发前的十余年间，他不辞辛劳地在全国各地建立了 40 多个气象站和 100 多个雨量观测站，初步奠定了中国自己的气象观测网。

1964年，他写了一篇重要论文《论我国气候的特点及其与粮食生产的关系》，分析了光、温度、降雨对粮食的影响，提出了发展农业生产的许多设想。毛泽东看到此文非常高兴，对他说："你的文章写得好啊！我们有个农业八字宪法，只管地。你的文章管了天，弥补了八字宪法的不足。"竺可桢回答："天有不测风云，不大好管呢！"毛泽东幽默地说："我们两个人分工合作，就把天地都管起来了！"

"雪里送来炭火，炭红浑似熔钢。老当益壮高山仰，独立更生榜样。四海东风驰荡，红旗三面辉煌。后来自古要居上，能不发奋图强？"

这是竺可桢72岁高龄入党时，郭沫若送给他的词，他的求是精神、他的一丝不苟、他对中国气象事业进步孜孜不倦的追求，都令人敬仰。

竺可桢纪念馆建馆十多年，不仅接待了不少国家的气象代表团，还迎来了一批又一批本地的学生、气象爱好者和社会各界人士。在这里不仅可以了解竺可桢先生的生平、贡献，感受他的精神，还能近距离地了解许多跟气象有关的知识，来这里您一定会有收获。

“冷面杀手”

山西省长治市气象局　王　赟

电影中的冷面杀手是那么的冷酷、无情。但大家知道吗？在天气里面也有这么一位冷酷无情的杀手，那就是——寒潮！说它是杀手可能有点危言耸听了，但是寒潮带给我们的影响却一点都不小。

我们先来看一下寒潮的描述：寒潮是指高纬地区强冷空气大规模向南侵袭的一种大型天气过程。当然，并不是只要一降温就是寒潮，寒潮的标准是：24 小时最低气温下降 8 ℃以上，或者 48 小时最低气温下降 10 ℃以上，或者 72 小时最低气温下降 12 ℃以上，而且使该地区日最低气温下降到 4 ℃或以下，才能称为寒潮。而且山西省还专门规定，若三分之二以上的气象观测站达到寒潮标准，就能被称为全省性寒潮。

寒潮一般多发生在秋末、冬季和初春时节，在北方，冬季发生的寒潮天气相对来说还不是十分可怕，农作物该收的收了，该种的还不到节令，越冬的作物和“猫冬”的人们都有了一定的抗冻准备。最糟糕的是秋末和初春，如果寒潮来临，造成的影响将会很严重。

2013 年 4 月 18—19 日，受南下强冷空气的影响，长治市出现了一次寒潮伴随雨转雪的天气过程。与 18 日的最低气温相比，全市 48 小时最低气温下降幅度为 8.6～13.9 ℃，平均下降幅度为 10 ℃。由于前期气温回升快，果树正处于开花坐果期，这次寒潮对处于开花坐果期的桃、梨、杏、苹果等果树十分不利，降雪降温造成了花和幼果受冻脱落。而出现在 2016 年 1 月的“霸王级”寒潮，差点把 0 ℃

线赶出中国内陆，一些几乎不下雪的南方地区纷纷飘起了雪花，有的地方甚至把雪当成“文物”保护起来，供市民参观。

那这么厉害的冷面杀手到底是何方神圣呢？在遥远的北极，住着一位名叫北极涡旋的“大人物”，它汲取地球之寒气，汇聚着冷空气中的冷空气，浓缩着寒潮中的寒潮，而这位冷面杀手正是北极涡旋的部下。

农业是受寒潮影响最大的产业，就农业防御来讲：可以使用烟熏法，制造人工烟雾，使近地面空气产生增温效应，可以达到预防寒潮霜冻的目的；也可以在寒潮发生前1～2天灌溉土壤，增大土壤的热容量和导热率，最大限度降低损失。

寒潮并不可怕，只要我们及时关注天气预报，采取应对措施，就可从容应对。

雪花的自白

河南省濮阳市气象局　葛笑莹

大家好，我是雪花，自然现象中降水的一种形式，经常出现在冬季。我来自遥远的天空，一开始你们并不知道我长什么样，直到1885年1月15日，美国人威尔逊·A·本特利(1865—1931)为我拍下了第一张照片，我的样子被更多的人熟知。高空温度高低和水蒸气的多少使我的结晶千差万别。随着科技的发展，更多我的样子被大家发现，有雪片、星形雪花、柱状雪晶、针状雪晶、多枝状雪晶、轴状雪晶、不规则雪晶等7种固态降水形式。我的出现让你们惊喜，看到我经常会有“哇，下雪啦！”的尖叫，可你们知道最初的我是什么样子吗？

这就是最初的我(水蒸气或小水滴)。我藏在云朵里，当云中水汽达到饱和，饱和的湿空气冷却到露点以下的温度时，空气里多余的水汽就会变成小水滴或者小冰晶。这时候，我们便开始了碰撞游戏，玩儿热了表面会有些融化，并且会彼此黏在一起，因为温度比较低，我们又会重新冻起来，接着开始重复的游戏，并逐渐长大。当然，这个过程中大气里各类凝结核是我们必不可少的伙伴，没有它们，我们可成不了气候。另外，云中的水汽也是促使我快速增大降落地面的后备军。

除了碰撞，我最喜欢的就是降落，可它对我来说并不容易，我必须克服强大的空气阻力和浮力，这就需要我在碰撞游戏中不断壮大，迅速成长，当我大到云朵困不住的时候，我的通往大地旅行就拉开序幕。不过当云朵下面的气温低于 0 ℃时，我才可以完成旅行落到地面形成降雪，这也是为什么我常常会在寒冷的冬季与你们相遇的原因。

我的降落是水凝结的过程，这时会释放热量，所以下雪的时候气温并不会太低，反而在我融化的时候会带走热量，气温会比较低，在这儿要提醒你们，在我融化时要多穿衣保暖。

我有小雪、中雪、大雪和暴雪四种称呼，是用我融化后的水来度量的。打雪仗、堆雪人、溜冰是我带给你们的乐趣。当然，我还有些奇特的功效：第一，保温效果。我堆积起来，好像一条奇妙的地毯，铺盖在大地上，能使地面温度不致因冬季的严寒降得太低，我还是寒冬植物的被子。第二，有益于身体健康。因为我形成的最基本条件是大气中要有凝结核存在，而大气中的尘埃、煤粒、矿物质等固体杂质是最理想的凝结核，我能大量清洗空气中的污染物质，带来新鲜的空气，所以我会包裹很多细菌，请你们不要轻易吃我。第三，降噪。堆积起来的我对音波的反射率极低，能吸收大量音波从而减少噪音。

除了快乐，我还会带来低温、冻害、结冰等，会造成灾害，给你们的生产、生活带去严重影响，这是我最不想干的，可我不受自己控制，希望你们能原谅我。我还要感谢气象部门，是你们及时发布预警信息并和相关部门启动联动措施，如学校停课、车辆限行等，尽量减少我带来的危害。在我即将又一次蒸发，变成水蒸气，带走周围热量，留下寒冷，回到空中，等待下一次的凝结、碰撞和降落时，我希望随着气象观测技术的发展，对我的预测预报更准确，让大家及时采取预防措施，把我带来的灾害降到最低。真心希望将来我的一生只给你们带去欢乐。

如何防御暴雨洪涝

贵州省遵义市气象局　姚　潘

2014年8月10日23时至11日凌晨4时，贵州省遵义市习水县遭受了特大暴雨袭击，全县15个乡镇出现暴雨，其中有5个乡镇出现特大暴雨，而良村镇降雨量则达334.3毫米，暴雨诱发了山洪、泥石流。气象部门成为坚守在暴风雨来临的最前哨，及时叫应市委书记，将雨情信息传递出去，下游7个村庄百姓得到安全转移，将灾害损失减少到最小，这就是我们“三个叫应”所彰显出来的效果。

在每次灾害性天气过程中，气象服务及时叫应市县党政领导、乡镇党政领导、乡村气象信息员。“三个叫应”体现了“消息树”和“发令枪”的作用，最大限度减少人员伤亡，真正践行“防灾减灾，气象先行”理念。针对成功的“8・11”抗洪抢险，贵州省省委常委、遵义市市委书记王晓光称赞气象部门是头功、首功、大功，时任遵义市市长王秉清肯定气象预警就是“信号弹”。

随着全球气候变暖，近年来各地强对流天气频发，防御暴雨洪涝首先要知道它的特点。

暴雨产生的主要物理条件是充足的水汽、强盛而持久的上升气流和大气不稳定层结。山区由于山脉迎风坡迫使气流上升，垂直运动加大，暴雨增大，诱发山体滑坡与泥石流。

遵义多夜雨，加之喀斯特地貌，因此泥石流多发生在陡坡深谷的夜间，具有发生突然、历时短和破坏力强的特点。

汛期，公众要注意收听、收看当地天气预报和预警信息，避免雨天进入山区沟谷。如遇夜间强降水天气时，自身要加强对房前屋后的巡查排险，切实开展避险自救，尽最大可能减少灾害造成的损失。

虽然天气预报不可能达到百分之百准确，但是我们一定会尽百分之百的努力，利用各类气象监测预警信息，教会人们如何防御气象灾害，未雨绸缪。因此，气象科普任重而道远，护佑百姓福祉安康意义深远。

你我身边的空间天气

国家卫星气象中心　韩大洋

当你在奥林匹克森林公园慢跑时，手机 GPS 定位信息已经飘回家了，你知道这是怎么回事么？当你在飞机上吃午饭时，来自宇宙的射线正在给你拍 X 光片，你感觉到了吗？当你辛勤培育的信鸽竞翔在千里之外的天空中时，它们却被错误地导航到了更远的地方。这些事件的幕后“黑手”也许你还有些陌生，它的名字就是空间天气。

什么是空间天气呢？空间天气指的是距离地面高度 30 千米以上，一直到距离我们 1.5 亿千米外的太阳，这中间所包含的一整段空间内的环境情况。与传统天气概念不同的是，空间天气专指来自太阳活动对地球以及近地区域所造成的影响。也就是说，空间天气研究的主角是太阳。

这位正值中年却依旧热情似火的太阳系老帅哥，你可不要小瞧了他！如果太阳表面爆发了一次日冕物质抛射，就像是对着地球打了个喷嚏，结果呢？很可能就造成了 GPS 定位漂移、航空辐射增大以及信鸽迷航等一系列问题。

日冕物质抛射可以理解为太阳巨大能量的瞬间爆发，以每秒几百甚至上千千米的速度把几十亿吨高能粒子喷射出去，在不断向外传播的过程中，影响的区域成为一个半球面，浩浩荡荡地冲向地球。

在经过一两天的太空之旅后，能量首先与地球的磁层碰撞。地球磁场在这股巨大的力量的冲击下努力地保持着完整的姿态，但是，被拉长和变形是难免的了，这种影响，人感觉不到，但是鸟类等能够感受到地球磁场的变化的动物就遭殃了，成千上万的信鸽集体迷失方向，造成经济损失。

当这些来自太阳的日冕物质进一步接近地球，受到影响的就是地球的电离层。处在该层的电子被太阳高能粒子吓得到处乱窜，这一秒扎堆儿地躲在一起，下一秒又四散奔逃，电离层因此变得坑洼起伏，薄厚不一。这就造成GPS信号在传播时剧烈抖动，从而影响精度甚至彻底罢工。

在经过磁层和电离层之后，高能物质波浪进入地球生命的最后一道屏障——大气层。在这里，稠密的大气层包含各种气体，气体原子与高能粒子发生碰撞，在减弱它们速度与能量的同时，也带来了“碎片”——次级粒子，比如中子，它们可以直接穿透飞机座舱，对乘客和机组造成较地面大十几倍甚至是上百倍的辐射，最大时甚至超过一次胸透的剂量。

这就是一次空间天气事件爆发时对地球造成的立体、多层次影响。随着人类科技和太空活动的发展，空间天气也将进一步走近大众的视野。

台风能不能被人工消灭

中国气象局公共气象服务中心　韩　旭

台风，一直是我们人类面对自然最无力，同时也最无奈的一位。狂风呼啸、暴雨滂沱，这位“暴君”所到之处，都是一片狼藉，造成破坏，甚至是毁灭，自古如此。

那么，一个问题呼之欲出——我们到底能不能灭了它?!

每年，大约有 7 个台风会登陆我们国家，毫不夸张地说，中国是受台风影响最严重的国家之一。

人工灭台风，听着像天方夜谭，有趣的是，有过这样想法的人可不止你我。

比如，曾经就有人想，把原子弹扔到台风里，肯定能改变些什么，毕竟原子弹的威力我们有目共睹。那么我们不妨简单算笔账，1945 年投放在广岛的原子弹产生的能量约 5.87×10^{10} 千焦。水蒸气凝结为液态水释放的潜热为 2500.8 焦耳/克。台风有 1 千克的降水，相当于释放了 2500.8 千焦的能量。假设台风中心附近半径 100 千米以内均出现了 50 毫米的暴雨(实际上可能还会有大暴雨、特大暴雨)，降雨均匀洒在圆形面积上，大约每小时 2 毫米降雨折算为 6.28×10^{10} 千克的水，对应约 1.57×10^{14} 千焦能量，也就是台风每小时释放的热量对应 2600 多颗广岛原子弹爆炸的能量。实力上的差距，天壤之别。原子弹炸台风? 只能说是蚍蜉撼大树。

又有人说了，既然台风能量和水汽的来源都是大海，那么给大海铺上化学薄膜，断绝了台风的生成就好了。那么，我再来算笔账。

首先台风的直径一般都有几百千米，而且台风作为低压的中心，四面八方来支援的水汽，可能就让这样的来源扩大到了方圆上千千米。如果说能制造出这样的薄膜，印度洋、南海、西北太平洋都得被覆膜。这是多大的工程?!

最后，还有人说，既然不能消灭，我们就改变它的移动，利用台风总是偏斜地向低压方向运动的特点不就好了？引导台风前进的往往是副热带高压，这是个环绕地球的、属于行星尺度的系统，比台风还要大很多很多。和副热带高压较劲？人连台风都玩不过，何况跟“副高”较劲。况且，制造低压引起台风的路径偏转，这个低压的大小强度应该和台风接近。之前提到，台风的能量相当于上千颗原子弹，哪有这么大的能量来制造低压呢？为了避开台风，放出来上千颗原子弹，台风还没有消失，人类估计已经没了。

其实，说到这里，我们发现了：在台风面前，在自然面前，我们能做的还太少。对于台风，未来有无限可能，不过得记住一点，我们不能幻想着去制造天气，而是要——利用台风趋利避害。

云南山洪、泥石流防范

云南省气象服务中心　郭荣芬

云南低纬高原得天独厚的立体气候，成就了它动物王国、植物王国、有色金属王国之美誉，多样的民族风情、秀丽的山川景色，山美水美……朋友们想去云南吗？请举手，谢谢！

云南多样的局地气候背景、复杂的高原地理环境，脆弱的生态环境——无灾不成年。可以说，地球上所有的气象灾害，除沙尘暴外，云南几乎都有。尤其是面积高达94%的山地，山洪、泥石流灾害十分突出。

面对突发的山洪、泥石流，你应该怎么办？

一看：当乌云压顶、电闪雷鸣时，马上躲避，绝对不能往山谷下游跑；二听：一旦听到远处传来打雷般的低频声响，应立即朝山坡两侧逃生；三选：选择平整的高地，切记不要在山谷露营。

为什么云南山洪、泥石流频发？以2014年6月为例，受厄尔尼诺事件影响，2014年云南雨季推迟，高温热浪不断，高温预警发布20次，创历史之最！由于前期积累大量不稳定能量，随着主汛期季风水汽不断输送，稍遇冷空气，强降水就来临。仅2014年6月就发生山洪、泥石流灾害50多次，相当于每天近2次。

泥石流的形成主要取决于地质、地貌和水源条件，归结为8个字：山高坡陡，水大土松。

山高坡陡：云南北高南低，海拔悬殊，最高为梅里雪山6740米，最低海拔仅76米。复杂的地质构造、活跃的地壳运动，形成了多层次的切割高原。

水大土松:降水是泥石流强大的水动力条件。5—10 月是云南雨季,降水占全年总量 80%以上,大雨、暴雨集中,特别是多夜雨,因此,雨季的夜间或凌晨山洪、泥石流发生频率较高。

2010 年,云南贡山特大泥石流将 100 多米宽的怒江干流短时堵塞,灾害造成 39 人死亡,53 人失踪,直接经济损失 1.4 亿元。

2012 年云南彝良 5.7 级地震后第 3 天,两万多人不得已在河床地带搭建了抗震棚,气象部门连发 3 次暴雨红色预警,两万多人及时撤离。次日凌晨两点,特大暴雨致使洛泽河水位上涨近 10 米,几十吨重的推土机被洪水冲到县城中央。由此可见,气象预报预警能在关键时刻发挥减灾实效!

朋友们,汛期到来之前,学习安全知识,关注气象信息,科学减灾,主动防灾,风险是可控的,安全是有保障的。

云南依然安全,云南依旧美丽!想去云南吗?跟我走!

雾——“罪”与“美”的结合

广西省梧州市气象局　梁文希

大家在深秋和初春的早晨都有这样的体验，往户外一看，只见白茫茫的一片，这往往就是发生了雾天气。

人们常感叹的“近景清晰、中景朦胧、远景模糊”描述的就是雾。在大自然中更有山谷瀑布云、高峰云海、河雾等美景让人流连忘返，但是这美丽的雾是怎么来的呢？

当空气中的温度降低，近地面水汽含量超过饱和水汽量，就像把空气团塞进了冰箱里，多余的水汽受冷凝结成小水滴或小冰晶，自由地悬浮在空气中，这就变成了雾。按国际气象组织规定，能见度降低到 1 千米以下的称为雾。

雾是一个很大的家族，有辐射雾、平流雾、蒸发雾、上坡雾、锋面雾、烟雾、谷雾、混合雾和冰雾等，但是最常见的就是辐射雾和平流雾了。

要怎么区分它俩呢？辐射雾主要是地表水汽在夜间经过地表辐射冷却作用而形成，一般出现在天晴风弱的秋冬清晨。平流雾是暖而湿的空气水平移动到寒冷的地面或水面，逐渐冷却而形成的，常伴随有毛毛雨。所以天气状况的好坏是判断他俩的重要特征之一。

雾带来了美，却也不可避免地给我们造成了麻烦。相信大家还记得 2016 年 4 月上旬，沪蓉高速路上 51 辆车连环相撞事故，造成了 3 人死亡、31 人受伤的沉痛后果。每年这样的严重追尾造成伤亡的事故并不在少数，根据交通部门数据统计，每年因为天气原因造成的交通事故占到了总交通事故数量的四分之一。雾天气阻碍了我们的视野，也给我们的公路、航空、航海、铁路等交通运输带来极大不便；同时还不利于我们的身体健康，吸入过多的雾气容易引发人体的呼吸道疾病。

雾给我们的生活造成了如此多的麻烦，我们有必要对它进行监测与预报。现在的气象自动观测站，通过能见度观测仪可以对能见度进行自动监测，当能见度下降到一定范围且雾天气可能持续时，气象部门就会发布大雾预警信号提醒大家注意。

所以当我们收到大雾预警信号的时候，要积极采取一定措施去应对，浓雾时最好不要晨练或者外出活动，特别提醒我们的司机朋友们，雾天行车要注意“一减、一加、一开、二慎”；减速行驶；加大车距；打开前后雾灯或双闪灯；慎变更车道，慎用刹车。

说了这么多，雾，这个“罪”与“美”的结合体，你了解了吗？

“百果园”里探气象

福建省漳州市气象局　王祎婧

话说花果山上的孙悟空为了寻求长生不老的方法，四处云游。有一天，他腾云驾雾筋斗一翻，俯视下方，用他的火眼金睛看到了一处花果飘香的美丽果园。这座果园位于漳州市东北面20千米的五峰山下。他立马将身一抖从天而降。哇，这里果树苍翠欲滴，鸟儿欢声歌唱，花儿争芳斗艳，河水在小桥下静静地流淌，让人感到仿佛走进一幅充满诗情画意的绝美画卷。其实，这个被大家称作“百果园”的地方就是漳州市热带作物气象试验站，它是国家级气象科普基地、省级科普教育基地，承担着热带作物气象观测、试验、研究、推广以及物候、土壤水分等农气观测任务。它对农业趋利避害和农民的丰产丰收有着积极的意义。

“好地方呀！”孙悟空激动得不得了，“这里的果树可比我那花果山还多。”

“哈哈，那是当然了，你的花果山在江苏连云港，而我们的百果园在漳州。漳州可是著名的花果之乡，这与我们这里的气候条件有着密不可分的关系。漳州属亚热带季风性湿润气候，西北有武夷山脉和戴云山脉挡住寒流入侵，年平均温度21 ℃，无霜期达330天以上，年日照2000小时以上，降雨量1000～1700毫米，西北多山，东南临海，又有九龙江横贯全境。独特的气候优势十分有利于南方水果业的种植发展。”

“这里都有啥好吃的水果？”

“春有枇杷，夏有桃李、荔枝，秋有柚子，冬有柑桔，还有四季龙眼、长年香蕉。怎么样，够你吃的吧？”

我给大家介绍一种神秘的水果吧，它的名字就叫神秘果。人们吃过神秘果后再吃任何酸的食物都觉得是甜的。它含有一种“变味蛋白酶”，虽然并不能真正地改变食物的味道，但可以改变人的味觉。

“好神奇，好有魔力！”

我给大家分析一下神秘果生长所需要的气候环境。神秘果适宜的生长温度为20～30 ℃，是喜光植物。它的各个生长阶段对日照条件的要求不一样。在开花期、坐果期和转色期，要求有充足的日照时间，日照长短对神秘果的生长发育影响很大，日照长，利于神秘果生长。在整个生长周期都要求有较充足的水分，但不耐涝，开花结果期需要大量的水分。

“带点回花果山吧，你们那儿的气候条件生产不出神秘果的。”

“好，谢谢！”

孙悟空说完不见了。哈哈，原来它钻进玻璃瓶里了。这玻璃瓶装的正是金线莲。咦，为什么金线莲长在玻璃瓶里呢？这玻璃瓶又藏着什么秘密呢？让我来为大家解答吧。

金线莲被称为“药中之王”。你看到的被种植在玻璃里的金线莲只是幼苗。取生长健壮、无病虫害的植株，经过消毒，将消毒好的茎按上段切成长约1.5～2厘米的小段，接种于培养基上。培养基里面配好了金线莲生长所需的营养物质，再配合上适宜的温度、光照及湿度，金线莲便在玻璃瓶里生长起来。这便是金线莲组培技术的简单介绍。

“泼猴，别带走玻璃瓶的金线莲，它们还没长好呢！我给你一些烘干的金线莲，拿回去泡茶吧。”

防雷避险

重庆市北碚区大磨滩小学　周　刚

2007年5月23日，重庆市开县兴业村小学遭受雷暴袭击。当场造成了7名小学生死亡，44名小学生受伤，现场一片狼藉。这是一个让全国人民无比震惊、让无数人为之痛心的雷击事件。重庆是全国雷暴多发区之一，而开县，则被称为重庆的“雷极”。在当地人看来，打雷下雨已是家常便饭，不足为奇。可是为什么这看似普通的雷电事件就能造成这么大的人员伤亡和损失呢？通过分析，此次雷电事件之所以能造成这么大的损失，主要是由于防雷措施的欠缺和防雷方法不当造成的。雷电防御，再次被提上了气象科普的重要日程。那么，雷电来临时，应该怎样防范呢？

雷电发生时，如果在室外，应立即停止活动，迅速躲入附近的建筑物或山洞内，不宜躲入孤立的棚屋、岗亭等建筑物内。或者就近寻找地势相对低洼、干燥、背风的地方蹲下躲避。打雷时一定要远离树木、电线杆、烟囱等尖耸、孤立的物体，不宜在铁栅栏、路灯、铁轨等金属物附近停留。不要骑摩托车、自行车赶路，打雷时切忌狂奔。在空旷的场地上不宜打伞，不要把锄头等金属工具扛在肩上。

雷电发生时，如果在室内，一定要关好门窗，尽量远离门窗、阳台和外墙壁。不要靠近，更不要触摸任何金属管线，包括水管、煤气管等。打雷时，尽量不要使用家用电器，建议拔掉所有的电源插头。在雷雨天气，也不要使用太阳能热水器洗澡。

在当前全球气候变暖的大背景下，强雷暴等极端天气出现的频率有增加的趋势，雷电灾害已成为危害程度仅次于暴雨洪涝、滑坡塌方的又一大气象灾害，给人们带来无数的不幸和灾难。我们应该以科学的态度认真对待雷电，增强防雷意识，消除雷灾隐患，掌握正确防雷技能，让我们远离雷电的伤害。

雷电的那些事儿

贵州省黔南州气象局　苟　杨

古往今来，人们对雷电都心存敬畏，尤其在发誓的时候都喜欢说：如果不怎么怎么样就遭“天打雷劈”。这里所说的“天打雷劈”指的就是“雷击”。那么，到底什么是雷电，雷电有哪些危害类型，我们应该如何防雷？下面，就由我来一一为您解答。

我们把大气中的云体之间或者是云地之间正负电荷互相摩擦产生的剧烈放电称为雷电。雷电的威力相当大，它的平均电流在2万安培以上，平均电压是10^{10}伏特，而我们人体的安全电压仅仅只有36伏特。

自然界每年都有几百万次雷电，雷电灾害是最严重的10种自然灾害之一。全球每年因雷击造成的人员伤亡、财产损失不计其数。我国每年因雷击造成的人员伤亡有3000～4000人，财产损失高达50亿～100亿元人民币。

雷电主要以以下3种形式对我们的生命财产造成危害——直击雷、雷电波侵入、感应过电压。

直击雷是带电的云层对大地上的某一点直接发生的猛烈的放电现象。它的破坏力十分巨大，可以导致建筑物严重损坏、电子电气系统严重摧毁，甚至引发火灾或使人畜丧命。

雷电波侵入是指雷电击在建筑物外部的线缆上，雷电波以光速沿着电缆线路侵入并危及室内电子设备。

感应过电压是指雷击在设备设施或线路的附近，形成强大的瞬变磁场，造成电子设备受到干扰或瘫痪。

那么，雷电这么厉害，我们究竟应该如何避免受到雷击，保证我们生命财产的安全呢？

首先，俗话说“打不起，我躲得起”，雷雨天气来临时，我们最好是留在室内，关好门窗，远离门窗、水管、煤气管等金属物体。关闭家用电器，拔掉电源插头，防止雷电从电源线入侵。

在室外时，要及时躲避，不要在空旷的野外停留。无处躲避时，应尽量寻找低洼之处藏身，或者立即蹲下，双手抱膝，把头埋于双膝之间，降低身体的高度，同时两脚并拢减少跨步电压带来的危害。要注意远离孤立的大树、高塔、电线杆、广告牌等。随身所带的金属物品应放在5米外的地方；在雷雨中不宜打伞，也不宜将羽毛球拍等扛在肩上。穿胶鞋可以起到绝缘的作用，封闭的汽车也具有很好的防雷功能。

最后，如果有人不幸遭到雷击，我们应该立即将他就地平卧，松开他的衣扣、腰带等，然后立即对他进行口对口呼吸和胸外心脏挤压，一直到他醒来为止。

好了，说了那么多，相信大家对雷电也有了一定的认识，感谢大家的认真聆听，希望你们能将雷电知识，尤其是雷电防护知识传播给身边更多的人。最后祝大家雷打不动地工作顺利、万事如意，谢谢！

为何暴雨偏爱庐山

江西省气象局气象服务中心　卢华青

庐山作为中华十大名山之一，自古就是文人墨客聚集的地方，留下了很多脍炙人口的诗句，比如“日照香炉生紫烟，遥看瀑布挂前川”“庐山竹影几千秋，云锁高峰水自流”。激发诗人灵感的，就是这里许多独特的自然景观，像庐山云雾、庐山瀑布、庐山佛光等，都是吸引人们争相游览的绝佳景致。但是大家知道吗？夏天的庐山还有个奇怪的现象，那就是，一旦台风从福建进入江西，庐山就很可能落下倾盆大雨。

（视频中播放的画面拍摄于 2015 年 8 月 9 号，台风“苏迪罗”入境江西后给庐山带来的狂风暴雨，见 PPT 第 3 页）每年 7—9 月是台风影响庐山的主要季节。据研究，平均每年有 1～2 个台风影响较大，一般都会带来暴雨或大暴雨以上的强降雨，而且雨势不是一般强，是非常强。历史上，庐山出现日降水量大于 200 毫米的次数一共有 11 次，其中 9 次都是受台风影响的。

这究竟是为什么呢？难道是暴雨格外青睐庐山，还是真的有雨神在施法呢？

通过长期的气象观测和科学研究，气象专家们终于找到了答案。造成这种现象最主要的原因，就是庐山独特的地形地貌。通常来说，想要下雨有 3 个条件是必须具备的：一是要有充足的水汽，二是要形成抬升并冷却凝结，三是要有凝结核。

我们来看看庐山，它东西窄、南北长、海拔高，山体走势与台风北侧的气流来向近乎垂直，富含水汽的台风螺旋云系不断正面撞向庐山，遇到山体阻碍，被迫抬升，山上的低温又正好加快了水汽的冷却凝结。所以一旦台风到来，降雨的条件一下子就都满足了，庐山的雨自然是要下个不停。

这种因为地形而产生的降雨，在气象学上，我们把它叫作地形雨。其中，形成降水的山坡正好是迎风的一面，也就被称为迎风坡，另外一面叫背风坡。不仅仅是在庐山，这样的地形雨在我们的地球上可不少见，在天气差异作用下，迎风坡和背风坡就会产生迥异的气候环境，像是我们国家的塔里木盆地就是典型的例子。迎风坡容易成云致雨，降水多，所以周围散布着众多有“塞上江南”美誉的绿洲，而背风坡气流下沉，难以见到雨水，则变成了一望无际的大沙漠。

那是不是背风坡就注定对人们不利呢？当然不是。在多雨的海岛上，那就不同了，因为背风坡气流下沉，降水少，同时太阳辐射强，空气干燥，容易形成海滨盐场或是海上船只的避风港。

不同的地理条件、不同的气候环境，造就了我们地球上千姿百态的自然风光。备受雨水青睐的庐山，同样也有壮观的瀑布，于是才有了“飞流直下三千尺，疑是银河落九天”的佳句。所以，天气没有绝对的好坏，只在于我们如何看待它、应对它、利用它。

科学防御，尽情欣赏，也许，这就是人与自然最和谐的相处。